现代企业职业卫生技术丛书

工业噪声与振动控制技术

"现代企业职业卫生技术丛书"编委会

主　编　魏志勇
主　审　葛佩声

中国劳动社会保障出版社

图书在版编目(CIP)数据

工业噪声与振动控制技术/"现代企业职业卫生技术丛书"编委会编．—北京：中国劳动社会保障出版社，2010

现代企业职业卫生技术丛书

ISBN 978－7－5045－8514－1

Ⅰ.①工…　Ⅱ.①现…　Ⅲ.①工业噪声－噪声控制②振动控制　Ⅳ.①TB535

中国版本图书馆 CIP 数据核字(2010)第 160798 号

中国劳动社会保障出版社出版发行

(北京市惠新东街1号　邮政编码：100029)
出　版　人：张梦欣

*

中国铁道出版社印刷厂印刷装订　新华书店经销
787 毫米×1092 毫米　16 开本　9.5 印张　211 千字
2010 年 10 月第 1 版　2010 年 10 月第 1 次印刷

定价：25.00 元

读者服务部电话：010－64929211/64921644/84643933
发行部电话：010－64961894
出版社网址：http://www.class.com.cn

版权专有　　　侵权必究
举报电话：010－64954652

如有印装差错，请与本社联系调换：010－80497374

编 委 会

主　任　孟　超
副主任　（按姓氏拼音排序）
　　　　　　薄以勺　吕　琳　孙庆云　陶　雪　魏志勇　杨文芬
　　　　　　张龙连　赵　容
委　员　（按姓氏拼音排序）
　　　　　　陈隆枢　高　虹　葛佩声　郝凤桐　李朝林　刘旭荣
　　　　　　卢　玲　孙宝林　王　静　张　斌　张继英
顾　问　（按姓氏拼音排序）
　　　　　　李　涛　邵　强　宋文质　王　生

编写人员

主　编　魏志勇
副主编　张继英
主　审　葛佩声
编写人员　（按姓氏拼音排序）
　　　　　　卢伟健　苏宏兵　王世强　魏志勇　张继英

内 容 简 介

本书是"现代企业职业卫生技术丛书"之一,是为企业从事职业卫生行政和技术管理工作的人员而编写的实用读物。

本书全面、系统地介绍了工业企业噪声与振动控制的相关技术,概括地介绍了噪声控制的基本步骤和噪声与振动基础知识,在此基础上深入介绍了吸声、隔声、消声和隔振的基本原理及其应用技术,并根据实际噪声控制工程的需要提供了部分工程案例文本。

本书是企业负责人、职业卫生管理和技术人员的工作用书,可作为政府各级管理人员的辅助用书,也可以作为高等院校相关专业师生的教学参考用书,还可以作为职业卫生专业的培训用书。

前　言

噪声污染与空气污染、水污染一起被公认为当今的三大公害，严重地影响人们的工作、学习与生活，工业企业中的高噪声还对人们的健康产生了危害，已日益引起人们的广泛关注。噪声不仅影响人们的日常工作和休息，而且可以引起听觉器官、神经系统、心血管系统等方面的疾病。同时高噪声还会掩蔽安全警报信号，常常是导致一些工伤事故的一个根源。因此，如何控制噪声，将噪声降低到无害的程度，是现代化建设中不可缺少的方面，是环境保护和劳动保护的一项重要课题。

本书力求深入浅出，将科学性与实用性相结合，系统地介绍了工业噪声与振动控制技术，概括地介绍了噪声与振动基础知识和噪声控制的基本步骤，全面地介绍了噪声与振动的评价及其量度方法，详细地介绍了吸声、隔声、消声和隔振技术，简要地介绍了我国最新的工业企业噪声与振动控制标准和规范。希望本书能帮助企业把噪声控制工作水平提高到新的高度。

本书第一章由王世强编写，第二章、第三章和第五章由魏志勇编写，第四章由卢伟健编写，第六章和第七章由苏宏兵编写，第八章由张继英和魏志勇编写。全书由魏志勇统稿，葛佩声审定。本书的部分工程实例由北京绿创声学工程股份有限公司提供，在此表示感谢。

本书在编写过程中参考了国内一些专家、学者的相关著作和成果，在此致以真诚的感谢！由于编者水平有限，书中疏漏在所难免，恳请广大读者批评指正。

编　者

2010 年 10 月

目　录

第一章　噪声与振动基础知识 ·········· 1
第一节　概述 ·········· 1
第二节　振动 ·········· 1
一、自由振动 ·········· 1
二、阻尼振动 ·········· 3
三、受迫振动 ·········· 4
第三节　声波及波动方程 ·········· 5
一、声波 ·········· 5
二、声波动方程 ·········· 8
第四节　声波的传播 ·········· 14
一、距离衰减 ·········· 14
二、反射、折射及透射 ·········· 15
三、散射、衍射与干涉 ·········· 16
四、大气中的声衰减 ·········· 17

第二章　噪声与振动的评价及其量度 ·········· 19
第一节　噪声及其物理量度 ·········· 19
一、声压、声功率、声强 ·········· 19
二、声压级、声强级、声功率级及其运算 ·········· 21
三、噪声频谱 ·········· 23
第二节　振动及其物理量度 ·········· 25
一、位移、速度、加速度 ·········· 25
二、振动加速度级、振动级、Z振级 ·········· 26
第三节　响度与响度级 ·········· 26
一、响度级与等响曲线 ·········· 27
二、响度 ·········· 29
第四节　A声级和等效连续A声级 ·········· 34

一、A声级 ·· 34
　　二、等效连续A声级 ·· 36
第五节　噪声评价数和语言干扰级 ·· 36
　　一、噪声评价数 ·· 36
　　二、语言干扰级 ·· 38

第三章　噪声控制步骤 ·· 40

第一节　降低声源噪声 ·· 40
　　一、研制低噪声设备 ·· 40
　　二、改进生产工艺 ··· 41
　　三、提高加工精度和装配质量 ··· 41
第二节　在传播途径上降噪 ·· 41
第三节　对接收者的防护 ·· 42
第四节　噪声控制标准 ·· 42
　　一、工业企业设计卫生标准 ·· 42
　　二、工作场所有害因素职业接触限值 ································ 43
　　三、工业企业厂界环境噪声排放标准 ································ 44
　　四、工业企业噪声控制设计规范 ······································ 44
第五节　噪声控制工作程序 ·· 44
　　一、调查噪声现场 ··· 44
　　二、确定降噪量 ·· 45
　　三、确定噪声控制方案 ··· 45
　　四、降噪效果的鉴定与评价 ·· 45

第四章　吸声降噪 ·· 47

第一节　吸声原理及表征材料吸声的量 ······································ 47
　　一、吸声原理 ··· 47
　　二、表征材料吸声性能的量 ·· 47
第二节　多孔吸声材料 ·· 48
　　一、多孔吸声材料的分类和性能 ······································ 48
　　二、影响多孔吸声材料吸声性能的因素 ···························· 50
第三节　吸声结构 ·· 52
　　一、穿孔板共振吸声结构 ··· 52
　　二、微穿孔板共振吸声结构 ·· 54
　　三、薄板共振吸声结构 ··· 57

  四、空间吸声体以及其他吸声结构 ………………………………………………… 57

 第四节 室内声场 …………………………………………………………………… 58

  一、扩散声场中的声压级和混响半径 …………………………………………… 58

  二、室内混响时间 ………………………………………………………………… 60

 第五节 吸声降噪设计 ……………………………………………………………… 60

  一、吸声降噪量 …………………………………………………………………… 61

  二、吸声设计原则 ………………………………………………………………… 61

  三、吸声设计程序 ………………………………………………………………… 62

 第六节 常用吸声材料 ……………………………………………………………… 62

第五章 隔声技术 …………………………………………………………………… 73

 第一节 隔声效果的评价量 ………………………………………………………… 73

  一、传声系数和隔声量 …………………………………………………………… 73

  二、计权隔声量 …………………………………………………………………… 74

  三、插入损失 ……………………………………………………………………… 78

 第二节 隔声构件的隔声性能 …………………………………………………… 79

  一、单层匀质构件的隔声 ………………………………………………………… 79

  二、双层构件的隔声 ……………………………………………………………… 83

 第三节 隔声设计 …………………………………………………………………… 85

  一、非单一结构的隔声计算 ……………………………………………………… 85

  二、孔洞、缝隙对隔声量的影响 ………………………………………………… 87

  三、隔声罩 ………………………………………………………………………… 87

  四、隔声门、窗 …………………………………………………………………… 88

  五、隔声屏 ………………………………………………………………………… 88

  六、管道噪声的隔绝 ……………………………………………………………… 90

 第四节 常用隔声材料 ……………………………………………………………… 90

第六章 消声器 ……………………………………………………………………… 93

 第一节 消声器的种类与性能指标 …………………………………………… 93

  一、消声器的种类 ………………………………………………………………… 93

  二、消声器性能评价指标 ………………………………………………………… 93

  三、消声器性能测量方法与标准 ………………………………………………… 95

 第二节 阻性消声器 ………………………………………………………………… 97

  一、管式消声器 …………………………………………………………………… 98

  二、片式消声器 …………………………………………………………………… 99

三、折板式消声器 …………………………………………………………… 99
　　四、弯头式消声器 …………………………………………………………… 100
　第三节　抗性消声器 …………………………………………………………… 101
　　一、扩张式消声器 …………………………………………………………… 101
　　二、干涉式消声器 …………………………………………………………… 102
　　三、共振式消声器 …………………………………………………………… 102
　第四节　阻抗复合消声器 ……………………………………………………… 103
　第五节　微穿孔板消声器 ……………………………………………………… 103
　第六节　排气放空消声器 ……………………………………………………… 104
　第七节　有源消声器 …………………………………………………………… 105

第七章　隔振与阻尼减振 ………………………………………………………… 108
　第一节　隔振原理 ……………………………………………………………… 108
　　一、振动的基本概念 ………………………………………………………… 108
　　二、隔振原理 ………………………………………………………………… 110
　第二节　隔振设计及应用 ……………………………………………………… 112
　　一、隔振设计 ………………………………………………………………… 112
　　二、弹簧隔振器 ……………………………………………………………… 115
　　三、橡胶隔振器 ……………………………………………………………… 117
　　四、空气弹簧隔振器 ………………………………………………………… 119
　　五、橡胶隔振垫 ……………………………………………………………… 120
　　六、其他类型隔振材料 ……………………………………………………… 122
　　七、管道柔性接头和吊架 …………………………………………………… 123
　第三节　阻尼减振与阻尼材料 ………………………………………………… 123
　　一、阻尼减振原理 …………………………………………………………… 124
　　二、阻尼减振材料 …………………………………………………………… 126

第八章　工程实例 ………………………………………………………………… 128
　实例一　印刷厂纸屑排风机噪声治理 ………………………………………… 128
　实例二　耐火材料厂破碎车间设备噪声治理 ………………………………… 130
　实例三　发动机产品试验台噪声治理 ………………………………………… 133
　实例四　大型机力通风冷却塔噪声控制 ……………………………………… 136
　实例五　大型炼化空分车间噪声控制 ………………………………………… 139

第一章 噪声与振动基础知识

第一节 概述

声与振动是常见的物理现象,物体的振动产生声音,声音来源于物体的振动。从声与振动的物理体质上看,振动与声学都是从宏观上研究物体在其平衡位置附近的运动。但是,它们所研究的物质运动的结果不同。振动学一般只研究振动系统内物体本身的运动状况;而声学着重研究物体的振动在介质中的传播特性。可以说振动是声的原因,声是振动的结果。在一般情况下,振动问题研究较多的是固体本身的运动状况,而声研究较多的是物体的振动在空气和水中的传播。

声与振动也是工业企业易接触的有害物理因素。过量的声音使人烦恼,影响工作效率,甚至危害人的身体健康,形成不可逆转的听力损失。而振动会对人体的身体器官、生理系统等造成不良的影响,因此,在工业生产活动中应尽量控制声和振动,减少其对人体的影响。本章主要介绍声与振动的基本知识,以加强对声和振动的理解。

第二节 振动

一、自由振动

振动是指物体沿直线或曲线并经过平衡位置往复的周期性运动。在自然界里,振动现象广泛存在。

自由振动是指仅在振动初始时刻有外力的一种振动。

图1—1所示为一个自由振动系统的示意图,这个系统由一个重球和一个弹簧构成,重球放在光滑的水平面上,弹簧的一端与重球相连接,另一端与墙体固定。

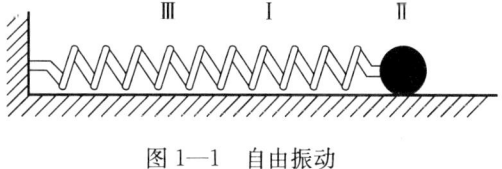

图1—1 自由振动

在这里,假定球和水平面之间的摩擦力可忽略不计,另外,假定重球和弹簧只具备单一的物理性能,重球可视为具有一定质量的质点,弹簧的弹性是均匀的并且没有质量,该振动系统可以视作质点振动系统。

在以上的假定下,由虎克定律得知,在弹性限度内,弹力与弹簧的伸长和压缩成正比。因此,当振动物体离开平衡位置,随位移的增加,弹簧的弹力也随之成正比的增加,弹力的大小与位移的大小成正比,弹力的方向与位移的方向相反。假设物体离开平衡位置的位移为

x，它在此位置上所受的弹力 F 可以表示为：

$$F = -kx \quad (1-1)$$

式中，k——弹簧的劲度系数，它在数值上等于弹簧伸长或压缩单位长度时所产生的弹力。k 值越大，表示弹簧越"硬"，越不容易变形。有时用其倒数 C_M 来表示，$C_M = -\dfrac{1}{k}$ 称为顺性系数，或称力顺。式中，负号表示力和位移的方向相反。

如果振动物体的质量为 m，加速度 $\dfrac{d^2 x}{dt^2}$ 为 a，根据牛顿第二定律 $F = ma$，则 $F = m\dfrac{d^2 x}{dt^2}$，将其代入式（1—1），可得：

$$m\frac{d^2 x}{dt^2} = -kx \quad (1-2)$$

重球振动是自由振动的典型例子，从式（1—1）和式（1—2）可知，自由振动是指物体是在与位移成正比，并且总是指向平衡位置的力的作用下的振动。在自由振动中，加速度的大小与位移的大小成正比，加速度的方向与位移的方向相反。这里的自由振动是假设外力仅在开始时起作用。只有在这样的条件下，物体的振动才是自由振动。用图表示物体位移随时间变化的曲线，称为振动曲线，如图 1—2 所示。

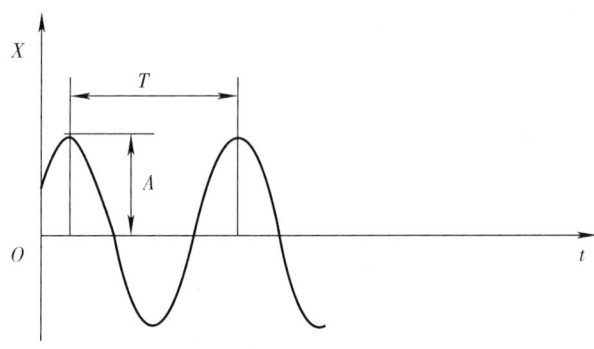

图 1—2 振动曲线

在图 1—2 中，A 为振幅，它是振动物体离开平衡位置的最大位移。T 为周期，它是物体完成一次全振动（往返一次）所需要的时间。f 为频率，即物体在单位时间内完成全振动的次数，单位是赫兹（Hz），周期 T 和频率 f 之间的关系是：

$$T = \frac{1}{f} \quad (1-3)$$

与位移随时间的变化规律相同，振动加速度随时间以正弦函数的规律变化，但正负号相反。即加速度的大小与位移的大小成正比，但方向相反。系统的自由振动方程可表示为：

$$\frac{d^2 x}{dt^2} + \omega^2 x = 0 \quad (1-4)$$

从式（1—2）和式（1—4）可知：

$$\omega^2 = \frac{k}{m} \quad (1-5)$$

即

$$\omega = \sqrt{\frac{k}{m}} \quad (1-6)$$

$$f = \frac{1}{2}\pi\sqrt{\frac{k}{m}} \quad (1-7)$$

从这些方程可以看出，物体做自由振动时，其振动频率由其自身的质量和弹簧的弹性决定。对于同一弹簧，物体的质量越大，振动频率就越低。这种完全由振动系统本身性质所决定的振动频率叫做振动系统的固有频率。

在一般情况下，物体开始做简谐振动时，位移的位相不一定是零，简谐振动较普遍的形式应该为：

$$X = A\sin(\omega t + \varphi) \tag{1—8}$$

式中，φ 为初相，即 $t=0$ 时的位相，表示物体在开始振动时的运动状态。

简谐振动是最简单的，也是最基本的振动。任何复杂的振动都可以分解成一系列不同频率和振幅的简谐振动，这就是振动频谱。自由振动过程，动能和势能不断地互相转化，但总能量不变，为一个恒量。以弹簧振动为例，假设振动物体质量为 m，其在某一时刻的速度为 v，则该物体在该时刻的动能为 $\frac{1}{2}mv^2$，再假设这一时刻物体的位移，即弹簧的伸长为 x，弹簧的弹性系数为 k，则弹簧的势能为 $\frac{1}{2}kx^2$，若能量损失忽略不计，则弹簧振动过程的总能量为：

$$E_{总} = E_{动} + E_{势} = \frac{1}{2}mv^2 + \frac{1}{2}kx^2 \tag{1—9}$$

将式（1—3）和式（1—4）代入式（1—9）可得：

$$\begin{aligned} E_{总} &= \frac{1}{2}m(A\omega\cos\omega \cdot t)^2 + \frac{1}{2}m\omega^2(A\sin\omega \cdot t)^2 \\ &= \frac{1}{2}m\omega^2 A^2 \cos^2\omega \cdot t + \frac{1}{2}m\omega^2 A^2 \sin^2\omega \cdot t \\ &= \frac{1}{2}m\omega^2 A^2 \\ &= \frac{1}{2}kA \end{aligned} \tag{1—10}$$

二、阻尼振动

自由振动亦称固有振动，只是一种理想的振动。在实际的物体振动中，由于摩擦和其他阻力无法避免，振动物体最初的能量，在振动过程中不断被消耗，振幅也越来越小，最后振动就会停止。这种由于克服摩擦和其他阻力而逐渐减少能量和振幅的现象叫做振动的阻尼，这种能量和振幅随时间逐渐减小的振动叫做阻尼振动，也叫做减幅振动。

阻尼振动的典型振动曲线如图 1—3 所示。

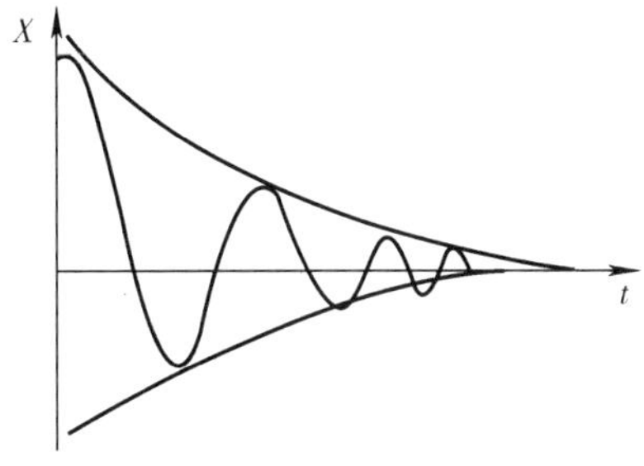

能量减小通常有两种方式：一种是由于摩擦阻力，或者是振动物体与周围介质之间的黏滞摩擦，或者是物体本身的内摩擦，使振动的能量逐渐变成热能。摩擦阻力越大，能量减小得越快，振动停止得越快，这种阻尼叫摩擦阻尼。另一种是由于物体的振动引起邻近质点的

图 1—3 阻尼振动的典型振动曲线

振动，使振动的能量逐渐向周围辐射出去，成为波动的能量，使振动的能量逐渐转化为声能。这种阻尼叫做辐射阻尼。

严格地说，没有阻尼的自由振动才是周期性的振动，阻尼存在时便不是周期振动，因为在此情况下，经过一个周期后，振动物体并不回到原来的平衡位置。但是，如果阻尼不太大，可以把阻尼振动近似地看做是简谐的自由振动，它也有一定的周期，不过这个周期是在同一方向上连续通过平衡位置两次的时间间隔。这个周期由振动物体本身的性质和阻尼的大小共同决定。对于一定的振动系统，有阻尼的周期要比无阻尼的周期长，即完成一次振动的时间要长些。阻尼增大，周期也相应增大。

一般地说，阻力是质点振动速度的函数，对于小振幅振动，可以近似地认为阻力与速度呈线性关系，即 $F_R = -R \cdot dx/dt$，式中 R 为阻力系数，亦称力阻。式中出现负号表示阻力总是与系统的运动方向相反，将该阻力项加到式（1—2）中，可得：

$$m\frac{d^2x}{dt^2} + kx + R\frac{dx}{dt} = 0 \tag{1—11}$$

这就是阻尼振动方程。式中，第一项为惯性力，第二项为弹性力，第三项为阻力。式（1—11）亦可写为：

$$\frac{d^2x}{dt^2} + 2\delta \cdot \frac{dx}{dt} + \omega_0^2 x = 0 \tag{1—12}$$

式中，$\delta = \frac{\tau}{2m}$ 为衰减系数。

阻尼振动的特点如下：
(1) 阻尼振动的振幅随时间按指数规律衰减，衰减系数越大，振幅衰减得也越快。
(2) 阻尼振动不仅使振动振幅逐渐衰减，而且使振动的频率降低。
(3) 由于阻尼的存在，振动系统的能量将随时间按指数规律衰减。
(4) 阻尼振动在每一瞬间的总能量等于该时刻的振动势能与振动动能之和。

三、受迫振动

在自然界，摩擦和辐射所产生的阻尼，只能减少而不能完全消除。因此，为了不断地维持系统持续振动，就必须不断地补充能量，这就是通常所说的受迫振动。

设受迫力为：

$$F = F_0 \sin\omega t \tag{1—13}$$

式中　F_0——外力幅值；
　　　ω——外力圆频率，$\omega = 2\pi f$；
　　　f——外力频率。

则受迫振动方程为：

$$m\frac{d^2x}{dt^2} + kx + R\frac{dx}{dt} = F_0 \sin\omega t \tag{1—14}$$

为了求解方便，将外力改成复数形式，设 $F = F_0 e^{-i\omega t}$，于是，式（1—14）变为：

$$m\frac{d^2x}{dt^2}+kx+R\frac{dx}{dt}=F_0e^{-i\omega t} \qquad (1-15)$$

式（1—13）、式（1—14）和式（1—15）为受迫振动方程。

式（1—14）是二阶齐次常微分方程，其通解为该方程的一个特解与相应的齐次方程的通解之和。

$$x=e^{-\delta t}(Ae^{j\omega't}+Be^{-j\omega't})+x_Fe^{j\omega t} \qquad (1-16)$$

取实数，可得：

$$x=x_0e^{-\delta t}\sin(\omega't-\varphi_0)+x_A\sin(\omega t-\theta) \qquad (1-17)$$

式中：

$$x_A=|x_F|=\frac{F_0}{\omega}|z|,\quad \theta=\theta_0+\frac{\pi}{2}$$

$$x_F=-j\frac{F_0}{\omega}z=\frac{F_0}{\omega|z|}e^{-j(\theta+\frac{\pi}{2})} \qquad (1-18)$$

式中 z——系统的力阻抗，$z=R+jx_m$；

R——力阻；

x_m——力抗，$x_m=\omega_m-\frac{k}{m}$；

ω_m——质量抗；

$\frac{k}{m}$——弹性抗或力顺抗；

$|z|$——力阻抗的模（绝对值），$|z|=\sqrt{R^2+\left(\omega_m-\frac{k}{m}\right)^2}$；

θ_0——其幅角，$\theta_0=\tan^{-1}\frac{x_m}{R}$。

力阻抗的单位是力欧姆。

式（1—17）的第一项为瞬态解，它描述系统自由衰减振动，这一项与系统的起振条件有关，且仅在振动的开始阶段起作用。当时间足够长时，其影响逐渐减弱，最终消失。

式（1—17）的第二项为稳态解，它描述在外力作用下，系统进行受迫振动的状态，因其振幅恒定，故称其为稳态振动。

从式（1—17）可以看到，当外力刚加到系统时，系统的振动状态极其复杂，是上述两种振动的合成。它描述了受迫振动中稳态振动逐渐建立的过渡过程。经过一段时间后，瞬态振动部分衰减消失，系统振动仅由第二项即稳态项决定，系统则进入稳定状态。

第三节　声波及波动方程

一、声波

声音是由物体振动产生的，而振动在弹性介质中的传播形式就是声波。

通常把振动发声的物体称为声源，如用手拨动琴弦，弦即振动发出声音，这里琴弦即是声源。声源不一定都是固体，液体和气体的振动也会产生声音，如海上的浪涛声和火车的汽笛声。如果将一个发声物体置于一个真空的罩子内，声音则传不出来，因此，声音的产生除了要有振动的物体外，还必须有传播声音的媒介物质，它可以是空气、水等流体，也可以是钢铁、玻璃等固体。

1. 声波的产生

任何振动着的物体都可以成为声源。从声源到接收器（如人耳等）过程就是声音的传播，而传播必须依赖介质，最常见的介质就是空气。

介质之所以能够传递声音，是因为它有质量和弹性。设想由于某种原因（如一个物体的振动）在弹性介质的某局部地区激发起一种扰动，使这局部地区的介质质点 A 离开平衡位置开始运动，这个运动的质点 A 必然推动相邻的介质质点 B，亦即压缩了这部分介质，由于介质的弹性作用，这部分弹性介质被压缩时会产生一个反抗压缩的力，这个力作用于质点 A 并使它恢复到原来的平衡位置。另外，由于质点 A 具有质量，也就是具有惯性，所以质点 A 在经过平衡位置时会出现"过冲"，以至于压缩了另一侧面的相邻介质，该介质也会产生一个反抗压缩的力，使质点 A 又回过来趋向平衡位置。可见由于介质的弹性和惯性作用，这个最初得到扰动的质点 A 就在平衡位置附近来回振动起来。由于同样的原因，被 A 推动了的质点 B 以至更远的质点 C、D……也在平衡位置附近振动起来，只是依次滞后一些时间而已。这种介质质点的机械振动由近及远的传播就称为声振动的传播或称声波。可见声波是一种机械波，适当频率和强弱的声波传到人的耳朵，人们就感受到了声音。必须强调的是声波所传递的只是能量，而不是物质本身。也就是说，空气粒子只是在其平衡位置附近很小范围内来回振动，并不向前运动。按照振动方向和传播方向是一致的，还是相互垂直的，波分为纵波和横波。空气中的声波是机械纵波，固体中可以存在横波形式的机械波。

2. 声波的描述

（1）描述声波的基本要素

描述一种波的基本要素是频率、振幅、波形和传播速度，声波也不例外。

1）频率和周期。频率是指单位时间内波的振动次数，记作 f，单位为赫兹（简称为赫，或以符号 Hz 表示），其倒数就是振动一次所需的时间，称为周期，记作 T，单位为秒（s）。

2）振幅。振幅是指振动着的某个物理量（如位移、压力、振动速度等）偏离平衡位置的最大量值，单位就是这个物理量自身的单位。

3）波形。波形是波的具体形状，如正弦波、方波等。一般来讲，声音的波形是很复杂的，包含许许多多个（甚至是无限多个）频率，对于各个频率的波称为谐波或分音，将谐波按频率的顺序排列起来的图形称为频谱，是表示波形的重要方法。按法国数学家和物理学家约瑟夫·傅立叶（1768—1830）分析，任何波形都可以分解为许多个正弦波之和。事实上这里隐含着波的一个重要性质，波的叠加性。

4）声速。声波在介质中传播的速度称为声速，记作 c，单位为米/秒（m/s）也是描述声波的一个基本物理量，声波在一特定介质中传播的速度取决于该介质的特性，主要是密度和弹性系数。由于这两个量依赖于温度和压力，所以声速也与温度和压力有关。对于理想气体，声速：

$$c=\sqrt{\gamma p_0/\rho_\gamma}=\sqrt{\gamma RT/M} \tag{1—19}$$

其中，γ 为比热容比（比定压热容 c_p 与比定容热容 c_v 的比），p_0 为无声波时的气体静压力，ρ 为密度，R 为摩尔气体常数，M 为摩尔质量，T 为热力学温度。由此可见，对于一定气体，声速与热力学温度平方根成正比。对于空气，c 随温度变化为：

$$c\approx 331.45+0.6T \text{ （m/s）} \tag{1—20}$$

在 20℃时，空气中声速约为 340 m/s，空气的温度每升高 1℃，声速约增加 0.607 m/s。

5）频率、波长与声速的关系。在这里仍需引入另一个描述声波的物理量——相位，它是指波在一定时刻振动的状态或位置，用度或弧度表征。相邻的同相位的质点之间的距离叫做波长，用 λ 表示，单位为长度单位，它与频率 f 和声速 c 之间的关系为：

$$\lambda=\frac{c}{f} \tag{1—21}$$

（2）声源和声场

1）声源。凡激发声波的振动源，称为声源，如振动的活塞等。但也有的声源不一定是固体的振动，气体和液体也可以激发声波，如汽笛是靠蒸汽、波涛是靠水运动来激发声波的。声源辐射声音与声源的大小 a 和辐射声波波长 λ 有关，当 $a\ll\frac{\lambda}{2\pi}$ 时，这一声源为点声源。在工业噪声控制中，对许多声源集中于一体而无须或不可能一一分辨时，则可笼统作为一个声源，如整体运转的机器等。对于这样的声源，当其最大尺寸 a 远小于至观察点的距离 d（$a<\frac{d}{\pi}$）时，常可作为点声源处理。

2）声场。凡有声波存在的介质区域均称为声场，一般可分为：

①自有声场。在各向同性的均匀介质中，界面影响可以忽略的声场，如六个壁面都强吸声的消声室内的声场。

②混响声场。在大的室内，如厅堂或车间等，由各壁面多次反射、强反射所形成的混响声的声场。

③扩散声场。声能密度分布均匀，由各方面（墙面等）反射回来的声音其传播方向为无规律分布的声场。混响声越多的混响声场，越接近扩散声场。

④远场。在自有声场中，至声源距离每增加一倍，声压降低一半的区域。远场内的介质瞬时质点速度与声压的相位一致。

⑤近场。声源于远场之间的区域为近场。近场内的质点瞬时质点速度与声压的相位不相等。

（3）纯音和复音

瞬时声压为正弦或余弦时间函数的声波，称为简谐声波，它在听觉上感觉仅为单一声调的声音，称为纯音。除一些仪器能发出纯音以外，一般很少听到。平常所听到的都是一些复杂的复声。以周期性复合声波可以分解为许多简谐声波，即不同复声可视为由许多不同纯音所组成。其中最低频率的纯音称为基波，频率为基波频率整数倍的波，称为谐波。

(4) 声音的频谱

不同的声音，其含有的频率成分及各个频率上的能量分布是不同的，这种频率成分与能量分布的关系称为声的频谱。声音的频率特性常用声音的频谱来描述，各个频率或各个频段上的声能量分布绘成的图形，称为频谱图。

在噪声控制学中，频谱图的构成通常以频率为横坐标，且以频率的对数为标度，用声压级（或声强级、声功率级等）作纵坐标，单位是分贝（dB）。某机械设备噪声源的频谱如图1—4所示，这些频谱反映了噪声能量在各个频率上的分布特性。

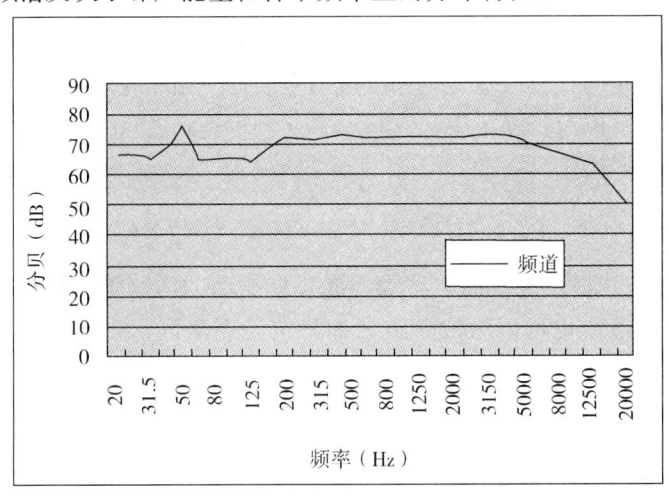

图1—4 某机械设备噪声源的频谱

由声波的干涉特性可知，频率不同的声波是不会发生干涉的，所以，即使这些不同频率成分的声波是由同一个声源发出的，也不会形成相干干涉，总的能量是各个频率分量上的能量叠加之和。

在作频谱分析时，一般并不需要每个频率上的声能量的详细分布。为方便起见，常在连续频率范围内把它划分为若干个相连的小段，每段叫做频率的频带或频程，每个小频带内的声能量被认为是均匀的，然后研究不同频带上的分布情况。划分频带带宽的方法有两种：一种是保持频带宽度 $\Delta f = f_2 - f_1$ 恒定，f_1 为频带的下限频率，f_2 为上限频率，一般取 Δf 在 4~20 Hz，这种恒定带宽的划分方法常用于频谱的窄带分析；鉴于人耳对频率的相应特性，更多的是用另一种恒定相对带宽频带，因为人耳对不同的声音进行比较时，有意义的是两个频带的比值，而不是它们之间的差值，所以，恒定相对带宽的划分是保持频带的上下限之比为常数。

二、声波动方程

声场的性质可以用介质中的声压 p、密度变化量 ρ'、质点速度 v 来表征，本节将根据声波过程的物理性质，建立声压 p、密度变化量 ρ'、质点速度 v 随空间位置和时间变化而变化的关系。这种关系的数学表达式就是声波动方程。

声振动作为一个宏观的物理现象，应当符合三个基本物理定律，即牛顿第二定律、质量守恒定律及绝热压缩定律。运用牛顿第二定律，可以导出介质的运动方程，即声压 p 与质点速度 v 之间的关系；利用质量守恒定律，可以导出连续性方程，即质点速度 v 与密度变化 ρ' 之间的关系；利用绝热压缩定律，可以导出物态方程，即声压 p 与密度变化 ρ' 之间的关系。

综合上述方程，就可以导出声波动方程，即 p、v、ρ' 对空间、时间的微分方程。在运算之前，为使问题简化，对声波和介质作如下假定：

①介质为理想流体，即介质不存在黏滞性，声波在这种理想介质中传播没有能量损耗。

②介质在宏观中是静止的，即没有声扰乱时，介质的初速度为零。

③介质是均匀的，即介质中的静压 p_0、静态密度 ρ_0 都是常数。

④声波传播时，介质的稠密和稀疏的交替过程是绝热的，即介质与邻近部分不会因为声传播引起的温度差而产生热交换。

⑤介质中传播的是小振幅声波，各种描述声场的参量都是一阶微量。

⑥声压 p 远小于介质静压 p_0，$p \ll p_0$；质点速度远小于声速 c，$v \ll c$；质点位移量 ξ 远小于声波波长 λ，$\xi \ll \lambda$；介质密度变化量 ρ' 远小于静态密度 ρ_0，$\rho' \ll \rho_0$。

以上这些假定既可简化有关声波传播规律及特性的阐述，又可简化数学物理分析。而在这些假设的前提下，得出的结论与实际情况也是基本相符的。分别推导运动方程、连续性方程和物态方程。

1. 运动方程

在声场中取一小体积元 $d\tau$，如图 1—5 所示，$d\tau = dxdydz$。

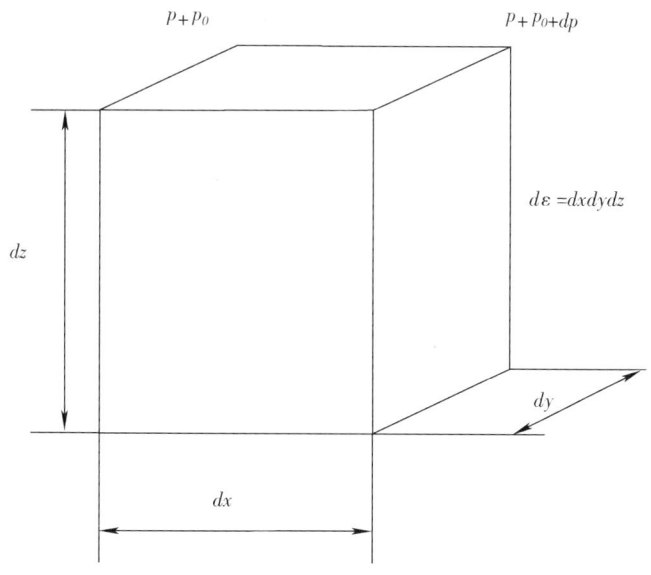

图 1—5 声场中的体积元

先看体积元沿 x 方向所受的力与运动的关系。由于声压 p 随位置而变化，因此，作用在体积元 $d\tau$ 左侧面与右侧面上的力是不相等的，其合力就导致这个体积元之内的质点沿 x 方向运动。设作用在该体积元左侧的压强为 $p+p_0$，而 $dxdydz$ 又足够小，可以认为压强在作用面上分布均匀。因此，作用在左侧面上的力为 $F_1=(p+p_0)dydz$，在体积元 $d\tau$ 的右侧面压强为 p_0+p+dp，力为 $F_2=(p+p_0)dydz$，其中，声压变化量为 $dp=\frac{\partial p}{\partial x}dx$。作用在该体积元 $d\tau$ 上沿 x 方向的合力为：

$$F=F_1-F_2=-\frac{\partial p}{\partial x}$$

该体积元 $d\tau$ 的质量为 $\rho dxdydz$，其在力 F 作用下沿 x 方向的加速度为 $\frac{d\tau_x}{dt}$。根据牛顿第二定律可得：

$$-\frac{\partial p}{\partial x}dxdydz=\rho\frac{d\tau_x}{dt}dxdydz$$

即

$$-\frac{\partial p}{\partial x}=\rho\frac{d\tau_x}{dt} \quad (1-22)$$

进而可得：

$$\begin{aligned}\frac{d\tau_x}{dt}&=\frac{\partial \tau_x}{\partial t}+\frac{\partial \tau_x}{\partial x}\frac{dx}{dt}+\frac{\partial \tau_x}{\partial y}\frac{dy}{dt}+\frac{\partial \tau_x}{\partial z}\frac{dz}{dt}\\&=\frac{\partial \tau_x}{\partial t}+\tau_x\frac{\partial \tau_x}{\partial x}+\tau_y\frac{\partial \tau_x}{\partial y}+\tau_z\frac{\partial \tau_x}{\partial z}\\&=\frac{\partial \tau_x}{\partial t}+(\vec{\tau}\cdot\nabla)\tau_x\end{aligned} \quad (1-23)$$

同理，可得：

$$-\frac{\partial p}{\partial y}=\rho\frac{d\tau_y}{dt} \quad (1-24)$$

$$-\frac{\partial p}{\partial z}=\rho\frac{d\tau_z}{dt} \quad (1-25)$$

$$\frac{d\tau_y}{dt}=\frac{\partial \tau_y}{\partial t}+(\vec{\tau}\cdot\nabla)\tau_y \quad (1-26)$$

$$\frac{d\tau_z}{dt}=\frac{\partial \tau_z}{\partial t}+(\vec{\tau}\cdot\nabla)\tau_z \quad (1-27)$$

将式（1—22）、式（1—24）和式（1—25）联立求解，可以得到用向量形式表示的流体运动方程：

$$\nabla p+\rho\frac{d\vec{\tau}}{dt}=0 \quad (1-28)$$

式中

$$\nabla=\frac{\partial}{\partial x}\vec{i}+\frac{\partial}{\partial y}\vec{j}+\frac{\partial}{\partial z}\vec{k}$$

式中，$\vec{\tau}=\tau_x\vec{i}+\tau_y\vec{j}+\tau_z\vec{k}$ 为拉普拉斯算子。

将式（1—26）、式（1—27）和式（1—28）联立求解，可得欧拉方程：

$$\nabla p + \rho\left(\frac{\partial \vec{\tau}}{\partial t} + \vec{\tau} \cdot \nabla \vec{\tau}\right) = 0 \tag{1—29}$$

因 $\rho = \rho_0 + \rho'$，代入式（1—29）可得：

$$\nabla p + (\rho_0 + \rho')\left[\frac{\partial \vec{\tau}}{\partial t} + (\vec{\tau} \cdot \nabla)\vec{\tau}\right] = 0 \tag{1—30}$$

因为 $\left(\rho'\frac{\partial \vec{\tau}}{\partial t}\right)$ 和 $(\rho \vec{\tau} \cdot \nabla \tau)$ 都是二阶微量，$\rho'(\vec{\tau} \cdot \nabla \tau)$ 是三阶微量，可忽略不计。所以，式（1—30）可以简化为：

$$\nabla p + \rho_0 \frac{\partial \vec{\tau}}{\partial t} = 0 \tag{1—31}$$

2. 连续性方程

根据质量守恒定律，介质中单位时间内流入体积元的质量与流出该体积元的质量差应当等于该体积元内质量的变化率。分析图 1—6 的体积元，先考虑沿 x 方向的流动，在单位时间内介质从左侧面流入体积元的质量为 $\rho\tau_x dydz$，在同一单位时间内，从体积元经过右侧面流出的质量为 $\rho\left(dx + \frac{\partial \tau_x}{\partial x}dx\right)dydz$，经运算可以得到在单位时间内在 x 方向的流动而产生的质量流差为：

$$-\frac{\partial}{\partial x}(\rho\tau_x)dxdydz$$

同样，在 y、z 方向为：

$$-\frac{\partial}{\partial y}(\rho\tau_y)dxdydz$$

$$-\frac{\partial}{\partial z}(\rho\tau_z)dxdydz$$

根据质量守恒定律，单位时间内在该体积元内质量的增加量应当等于流入体积元的净质量，可得：

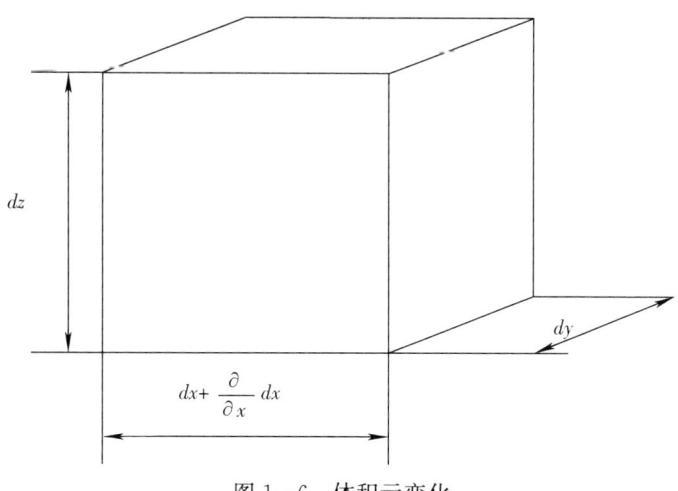

图 1—6 体积元变化

$$-\left[\frac{\partial}{\partial x}(\rho\tau_x)+\frac{\partial}{\partial y}(\rho\tau_y)+\frac{\partial}{\partial z}(\rho\tau_z)\right]dxdydz$$
$$=\frac{\partial}{\partial t}(\rho\,dxdydz)$$

经过整理，可得：

$$\left[\frac{\partial}{\partial x}(\rho\tau_x)+\frac{\partial}{\partial y}(\rho\tau_y)+\frac{\partial}{\partial z}(\rho\tau_z)\right]+\frac{\partial\rho}{\partial t}=0 \tag{1-32}$$

用向量形式表示为：

$$\nabla\cdot(\rho\vec{v})+\frac{\partial\rho}{\partial t}=0 \tag{1-33}$$

式中，∇ 为散度符号。

$\rho=\rho_0+\rho'$，ρ_0 为没有声扰乱时介质的静态密度，不随空间和时间变化。将 ρ 代入式（1—32）、式（1—33），可得：

$$\left[\frac{\partial}{\partial x}(\rho\tau_x)+\frac{\partial}{\partial y}(\rho\tau_y)+\frac{\partial}{\partial z}(\rho\tau_z)\right]+\frac{\partial\rho'}{\partial t}=0 \tag{1-34}$$

$$\nabla\cdot(\rho\vec{\tau})+\frac{\partial\rho'}{\partial t}=0 \tag{1-35}$$

3. 物态方程

分析介质中的某体积元，当没有声扰乱时，以压强 p_0、密度 ρ_0、温度 T_0 来表其状态。当声波通过该体积元时，体积元内的压强、密度、温度都会发生变化。其变化应当遵守热力学物态方程。假定声波传播过程进行得比较快，体积压缩和膨胀过程的周期比热传导需要的时间短得多，声波在传播过程中，介质来不及与毗邻部分进行热交换，所以，声波过程可以近似认为是绝热过程。

理想气体的绝热物态方程为：

$$PV^\gamma = 常数 \tag{1-36}$$

式中，$\gamma=\dfrac{C_p}{C_v}$ 为比定压热容 C_p 与比定容热容 C_v 的比值。对于空气，$\gamma=1.4$。

对一般的流体介质，在一般情况下，压强 p 是密度 ρ 和温度 T 的函数，可以得到普遍的物态方程：

$$p=p(\rho, T) \tag{1-37}$$

考虑绝热条件，式（1—37）为：

$$p=p(\rho) \tag{1-38}$$

因此，由声扰动所引起的压强和密度的微小增量为：

$$dp=\left(\frac{dp}{d\rho}\right)_s d\rho \tag{1-39}$$

式中，s 表示绝热过程，$\left(\dfrac{dP}{d\rho}\right)_s$ 用 c^2 表示，则式（1—39）为：

$$dp=c^2 d\rho \tag{1-40}$$

这就是理想流体介质中的声扰动物态方程，它描述声场中压强 p 的微小变化与密度 ρ 的微小变化之间的关系。c 实际上是声传播的速度。对理想气体，遵守绝热物态方程式（1—40），$\dfrac{p}{\rho}\gamma=$ 常数，可得：

$$c^2=\dfrac{p\gamma}{\rho} \tag{1—41}$$

但一般流体（如液体、极高温气体等）压强和密度之间的关系就没有那么简单。在一般状态下，热传导的速度为 $\dfrac{\sqrt{2K\omega}}{\rho_0 c_p}$，在空气中，这个数值约为 $10^{-7}\omega^{\frac{1}{2}}$，在水中则为 $10^{-9}\omega^{\frac{1}{2}}$。这里，$\omega=2\pi f$。可见热传导与频率有很大的关系，只有在很高的频率下，例如，在空气中超过 10^9 Hz，在水中超过 10^{12} Hz，热传播才接近或超过声波速度。这远远超过一般噪声控制工程中遇到的频率。对于小振幅声波，式（1—41）中压强的微分 dp 可近似为声压 p，密度的微分 $d\rho$ 可近似为 ρ'，因此，理想流体介质的物态方程（1—22）可以简化为：

$$p=c^2\rho' \tag{1—42}$$

进而可得：

$$\dfrac{\partial p}{\partial t}=c^2\dfrac{\partial \rho'}{\partial t} \tag{1—43}$$

将运动方程式（1—31）、连续性方程式（1—35）、物态方程式（1—43）联立，即

$$\begin{cases}\nabla p+\rho_0\dfrac{\partial \vec{\tau}}{\partial t}=0\\ \nabla\cdot(\rho_0\vec{\tau})+\dfrac{\partial \rho'}{\partial t}=0\\ \dfrac{\partial p}{\partial t}=c^2\dfrac{\partial \rho'}{\partial t}\end{cases}$$

将式（1—35）代入式（1—43），可得：

$$c^2\nabla\cdot(\rho_0\vec{\tau})+\dfrac{\partial p}{\partial t}=0 \tag{1—44}$$

将式（1—44）对时间取一阶微商，可得：

$$c^2\rho_0\nabla\cdot\left(\dfrac{\partial \vec{\tau}}{\partial t}\right)+\dfrac{\partial^2 p}{\partial t^2}=0 \tag{1—45}$$

将式（1—31）代入式（1—43），可得：

$$\nabla^2 p+\dfrac{1}{c^2}\dfrac{\partial^2 p}{\partial t^2}=0 \tag{1—46}$$

$$\nabla^2=\dfrac{\partial^2}{\partial x^2}+\dfrac{\partial^2}{\partial y^2}+\dfrac{\partial^2}{\partial z^2} \tag{1—47}$$

式中，∇^2 为三维拉普拉斯算子，c 为声速。

式（1—46）称为声波动方程，它是在理想介质中的小振幅的波动方程，是在忽略了二阶以上的微量后得到的，因此，也称其为线性声波动方程。

同样，亦可以质点振动速度 v 和以密度 ρ 表示声波动方程：

$$\nabla^2 v + \frac{1}{c^2}\frac{\partial^2 v}{\partial t^2}=0 \tag{1—48}$$

$$\nabla^2 \rho + \frac{1}{c^2}\frac{\partial^2 \rho}{\partial t^2}=0 \tag{1—49}$$

还可以用速度势 φ 来表示声波动方程：

$$\nabla^2 \varphi + \frac{1}{c^2}\frac{\partial^2 \varphi}{\partial t^2}=0 \tag{1—50}$$

式（1—47）是直角坐标系的拉普拉斯算子，在球坐标系和柱坐标系中，拉普拉斯算子则有不同的表达式。

在自由空间中，无指向性声源以球面波辐射，此时，式（1—47）变为：

$$\nabla^2 = \frac{1}{r^2}\frac{\partial}{\partial r}\left(r^2\frac{\partial}{\partial r}\right) + \frac{1}{r^2}\sin\theta\frac{\partial}{\partial \theta}\left(\sin\theta\frac{\partial}{\partial \theta}\right) + \frac{1}{r^2\sin^2\theta}\frac{\partial^2}{\partial \varphi^2} \tag{1—51}$$

式中，r 是距球心的距离，称为向径，θ 是向径 r 与 z 轴的角度，φ 是 r 在 xy 面上的投影与 x 轴之间的角度。

在柱坐标中，式（1—47）变为：

$$\nabla^2 = \frac{1}{r}\frac{\partial}{\partial r}\left(r^2\frac{\partial}{\partial t}\right) + \frac{1}{r^2}\frac{\partial^2}{\partial \varphi^2} + \frac{\partial^2}{\partial z^2} \tag{1—52}$$

式中，r 是距圆柱轴的距离，φ 是 r 与 xy 面的角度，z 是在圆柱轴上的距离。

第四节　声波的传播

一、距离衰减

声波在介质中传播会随距离的增加发生衰减。

1. 点声源

当声波波长远大于声源尺寸并在远场时，可视声源为点声源，在自由场的远场条件下，声压级与距离 r 的关系为：

$$L_p = L_w - 20\lg r - 11 \tag{1—53}$$

距声源距离为 r_1 和 r_2 的声压级差为：

$$\nabla L_p = 20\lg \frac{r_2}{r_1} \tag{1—54}$$

随离点声源的距离每递增一倍，声压级下降 6 dB。

2. 柱面声源

每单位长度（m）声功率为 W_1 的柱面声源，在远距离为 r 点的声压为 p_e 与声功率的关系为：

$$p_e^2 = W_1 \rho_0 c / 2\pi r \tag{1—55}$$

声压级为：

$$L_p = L_{w_1} - 10\lg r - 8 \tag{1—56}$$

至声源距离为 r_1 和 r_2 的两点的声压级差为：
$$\Delta L_p = 10 \lg r_1/r_2 \tag{1—57}$$

随至声源垂直距离每增加一倍，声压级下降 3 dB。

3. 线声源

（1）无限长线声源。如果线声源上各段线元的声波是不相干的（如一般的噪声源等），则此线声源在地面上向半自由空间辐射的声压与声功率的关系为：
$$p_e^2 = W_1 \rho_0 c / 2r \tag{1—58}$$

其声压级为：
$$L_p = L_{w_1} - 10 \lg r - 3 \tag{1—59}$$

至声源距离为 r_1 和 r_2 的两点的声压级差为：
$$\Delta L_p = 10 \lg r_1/r_2$$

随至声源垂直距离每增加一倍，声压级下降 3 dB。

（2）有限长线声源。取上述无限长线声源的一段，设其长度为 d，则无限多个不相干点声源连成一片，则其在地面上向半自由空间辐射的声压与声功率的关系为：
$$p_e^2 = \frac{W_d \rho_0 c}{2\pi r_0 d} (\alpha_2 - \alpha_1) \tag{1—60}$$

式中 W_d——长为 d 的线声源声功率；

$\alpha_2 - \alpha_1$——观察点至 d 两端的夹角，且 $\alpha_2 > \alpha_1$。

在观察点的声压级为：
$$L_p = L_{w_d} + 10 \lg \frac{\alpha_2 - \alpha_1}{r_0 d} - 8 \tag{1—61}$$

至声源距离为 r_1 和 r_2 的两点的声压级差为：
$$\Delta L_p = 10 \lg r_1/r_2$$

随至声源垂直距离每增加一倍，声压级下降 3 dB。

1）近声源。$\alpha_2 - \alpha_1 \to \pi$ 上式变为：
$$L_p = L_{w_d} - 10 \lg r_0 - 3 \tag{1—62}$$

相当于无限长线声源，至声源距离每增加一倍，声压级衰减 3 dB。

2）远离声源。$\alpha_2 - \alpha_1 \approx d/r_0$，则观察点的声压级变为：
$$L_p = L_{w_d} - 20 \lg r_0 - 8 \tag{1—63}$$

相当于声功率为 W_d 的点声源向半自由空间辐射，至声源距离增加一倍声压级衰减 6 dB。

二、反射、折射及透射

当声波遇到两种不同介质的分界面时，由于声速突然发生变化，声波传播路径也要发生突变。这时波的一部分返回原来的介质而产生反射，另一部分进入第二种介质中而产生折射，从另一种意义上讲叫做透射。

反射和折射分别服从适用于一切形式波的反射定律和折射定律。根据这两个定律，反射线与界面法线所成的反射角等于入射角与法线所成的入射角 φ，而折射线与法线所成的折射角 ψ 满足下列关系（斯涅耳定律）：

$$\frac{c_1}{\sin\varphi}=\frac{c_2}{\sin\psi} \tag{1—64}$$

式中，c_1、c_2 分别为两种介质中的声速。

由此可见，如 $c_2>c_1$，则 $\psi>\varphi$，即折射线比入射线更偏离法线；如 $c_2<c_1$，则情况相反。

只要存在声速的突变面，就会发生声波的反射和折射，而与这个突变面是如何产生的没有关系。也就是说，在同一种介质中，如果存在声速的突变面也会发生声波的反射与折射。一般同一介质中存在声速的突变面有两种情况：一是同一介质中的两个部分之间存在相对运动，致使其中的有效声速存在差异；二是声速与介质的密度和温度有关，如果同一介质中这两个参量在某个面上产生突变，也会发生反射和折射。

当 $c_2>c_1$ 时，折射线比入射线更偏离法线，因此，连续改变入射角 φ，总会使折射角 ψ 越来越大，最后达到 90°，也就是说折射线与分界线平行了，这时就没有声线进入第二介质，当 φ 再增大时，声线就全部反射回原来介质，这种现象叫做全反射。而相应于 $\varphi=90°$ 的入射角，称为临界入射角 φ_0，由折射定律可知 $\varphi_0=\arcsin(c_1/c_2)$。

介质的密度 ρ 和在该介质中声速 c 的乘积叫做该介质的特性阻抗，用 R 表示，$R=\rho c$，单位为 N·s/m。假设两种介质的特性阻抗为 $R_1=\rho_1 c_1$，$R_2=\rho_2 c_2$，平面声波从介质1入射到界面的反射系数 r_1 为：

$$r_1=\left(\frac{R_2/R_1-1}{R_2/R_1+1}\right)^2 \tag{1—65}$$

透射系数 t_1 为：

$$t_1=\frac{4R_2/R_1}{(1+R_2/R_1)^2} \tag{1—66}$$

三、散射、衍射与干涉

声波传播过程中，遇到的障碍物表面较粗糙或者障碍物的大小与波长差不多，则当声波入射时，就会产生各个方向的反射，这种现象称为散射。

声波的衍射指声波碰到障碍物能够绕过障碍物的现象，障碍物的尺寸与波长相比，越小衍射现象越明显。

声波的干涉指两列频率相同、振动方向相同并且相位差恒定的波，在交叠区域的某些位置上，振动始终加强，而在另一些位置上振动始终减弱或抵消，这种现象称为波的干涉。能够产生干涉现象的波，称为相干波，它们是频率相同、振动方向相同并且相位差恒定的波，这些条件称为相干条件。激发相干波的波源称为相干波源。

值得指出的是，如果两列声波的频率不同，那么即使具有固定的相位差，也不可能发生干涉现象。

实际中常常还有另外一种情况。例如，声波在形状不甚规则、壁面吸收比较小的大房间中传播，此时由于声波在壁面上无数次反射的结果，对房间内任何一个位置，在某时刻的声压有可能是从各个方向传来的反射波的叠加。而且它们的相位都是随时间无规律变化的。具有相同频率，且有无规律变化相位的声波叠加以后的合成声场，其平均声能量密度等于每列声波平均能量密度之和，也就是不发生干涉现象。这种具有相同频率，且有无规律变化相位的声波也是不相干波。

四、大气中的声衰减

声波在大气的传播过程中，一部分声能被大气吸收转化成其他形式能量，造成声波的吸收衰减。吸收衰减与大气的温度、相对湿度等因素有关，还与声波的频率有关，频率越高，衰减越快。表1—1给出了由于大气的吸收，声波每100 m衰减的分贝数。

表1—1　　　　　　　　　　大气吸收的声衰减

频率（Hz）	温度（℃）	相对湿度（%）			
		30	50	70	90
500	0	0.28	0.19	0.17	0.16
	10	0.22	0.18	0.16	0.15
	20	0.21	0.18	0.16	0.14
1 000	0	0.96	0.55	0.42	0.38
	10	0.59	0.45	0.40	0.36
	20	0.51	0.42	0.38	0.34
2 000	0	3.23	1.89	1.32	1.03
	10	1.96	1.17	0.97	0.89
	20	1.29	1.04	0.92	0.84
4 000	0	7.70	6.34	4.45	3.43
	10	6.58	3.85	2.76	2.28
	20	4.12	2.65	2.31	2.14
8 000	0	10.54	11.34	8.90	6.84
	10	12.71	7.73	5.47	4.30
	20	8.27	4.67	3.97	3.63

噪声在传播过程中，声波扩散衰减和介质吸收衰减是同时存在的，因此，计算噪声衰减的公式为：

$$L_p = L_w - A_r - A_c \tag{1—67}$$

式中　L_p——距离声源某点处的声压级，dB；

　　　L_w——声源的声功率，dB；

　　　A_r——由声波扩散造成的衰减，dB；

A_c——由介质吸收造成的衰减，dB。

当声源为点声源，且离声源 $r_1 m$ 处已知的噪声级 L_1，则离声源为 $r_2 m$ 处的噪声级 L_2 为：

$$L_2 = L_1 - 20\lg\frac{r_2}{r_1} - 6\times10^{-6}fr_2 - 8 \tag{1—68}$$

式中 L_1——距离声源 $r_1 m$ 处已知的噪声级，dB；

L_2——需要计算的距离声源为 $r_2 m$ 处（接受点）的噪声级，dB；

f——声振动的倍频带几何平均频率（中心频率），Hz；

$6\times10^{-6}fr_2$——由于空气吸收声波所造成的附加衰减值，dB；

8——修正值。

当 $r_1=1$，$f<1\,000$ Hz 时，空气吸收可忽略，此时有：

$$L_2 = L_1 - 20\lg\frac{r_2}{r_1} - 8 \tag{1—69}$$

若在自由场情况下，则为：

$$L_2 = L_1 - 20\lg\frac{r_2}{r_1} - 11 \tag{1—70}$$

参 考 文 献

[1] 方丹群等. 噪声控制. 北京：北京出版社，1986
[2] 马大猷. 环境声学. 北京：科学出版社，1987
[3] 黄其柏. 工程噪声控制学. 武汉：华中理工大学出版社，1999
[4] 杜功焕等. 声学基础. 南京：南京大学出版社，2001

第二章 噪声与振动的评价及其量度

第一节 噪声及其物理量度

一、声压、声功率、声强

1. 声压

在空气中,由于发声体的振动使周围的空气形成周期性的疏密相间层状态,这种疏密相间层状态在空气中由声源向外传播,形成空气中的声波。从分子统计观点来看,空气分子是在平衡位置附近沿着波传播的方向作振动。各相邻部分的分子振动有时间上的滞后,这样空气中的分子时疏时密,当某一部分体积内变密时,这部分的空气压强 P 变得比平衡状态下的大气压强 P_0 大;当某一部分体积内变疏时,这部分的空气压强 P 变得比平衡状态下的大气压强 P_0 小,即声波传播时大气中压强随着声波做周期性的变化。因此,当声波通过时,可用声扰动所产生的逾量压强来表述状态,逾量压强的数学表达式为:

$$p = P - P_0 \tag{2—1}$$

这个逾量压强 p 就称为声压。

存在声压的空间称为声场。声场中某一瞬时的声压值称为瞬时声压。在一定时间间隔内最大的瞬时声压值称为峰值声压,当声波传入人耳时,由于鼓膜的惯性作用,无法辨别声压的起伏,起作用的不是瞬时声压值,而是一个稳定的有效声压。有效声压是在一定的时间间隔内瞬时声压对时间的均方根值。有效声压的数学表达式为:

$$p_e = \sqrt{\frac{1}{T}\int_0^T p^2(t)dt} \tag{2—2}$$

式中 $p(t)$——瞬时声压;

T——平均的时间间隔。

人们习惯指的声压,往往是指有效声压,一般的声学测量仪器测量到的声压就是有效声压。在实际使用中,如没有特别说明,声压就是有效声压的简称。

声压的大小反映声波的强弱。声压的单位是帕斯卡(Pa),$1\ Pa = 1\ N/m^2$。

人耳对 1 000 Hz 声音的可听阈(即刚刚能觉察到它存在时的声压)约为 2×10^{-5} Pa;微风轻轻吹动树叶的声音约为 2×10^{-4} Pa;普通谈话声(相距 1 m 处)约为 2×10^{-2} Pa;交响乐演奏声(相距 5~10 m 处)约为 0.3 Pa;大型球磨机(相距 2 m 处)约为 20 Pa(痛阈,即正常人耳感觉为痛)。

2. 声功率

声波传播到原先静止的介质中,一方面使介质质点在平衡位置附近做来回的振动,获得振动动能，同时，在介质中产生了压缩和膨胀的疏密过程，使介质具有形变的势能，两部分能量之和就是由于声扰动使介质得到的声能能量，以声的波动形式传递出去。可见，声波的传播过程实际上伴随着声能能量的转移，或者说声波的传播过程就是声能能量的传播过程。

力 F 作用在物体上所做的功率为 $W=Fu$，u 为物体的运动速度，声波传播过程中作用力 F 为声压 p 所引起。设介质中一足够小的体积元截面积为 S，则有 $F=pS$，于是得到声压作用在该体积元上的瞬时声功率为：

$$W = Spu \qquad (2-3)$$

在一般情况下，人耳对声的感觉是一个平均效应，听不出某一瞬时值，仪器测量的也是对一定时间的平均值，所以取 W 的时间平均值为：

$$\overline{W} = \frac{1}{T}\int_0^T Spu\,dt = S\frac{1}{T}\int_0^T pu\,dt \qquad (2-4)$$

式中，T 为声波的周期。

对于平面声波，有：

$$\overline{W} = S\frac{1}{2}P_0 U_0 = S\frac{P_0^2}{2\rho c} = S\frac{U_0^2 \rho c}{2} = SP_e U_e = S\frac{P_e^2}{\rho c} = S\rho c U_e^2 \qquad (2-5)$$

式中，$P_e = P_0/\sqrt{2}$，$U_e = U_0/\sqrt{2}$，分别为声压和质点振动速度的有效值，又称均方根值。声功率的单位为瓦（W），$1\,W = 1\,J/s$。

需要强调的是，一个声源发出的声功率和声源所发出的总功率是两个不同的概念。声功率只是声源总功率中以声波形式辐射出来的很小部分。

3. 声强

在某一点上，一个与指定方向垂直的单位面积上在单位时间内通过的平均声能能量，称为声强。声强的数学表达式为：

$$I = \frac{\overline{W}}{S} = \frac{P_e^2}{\rho c} = U_e^2 \rho c = P_e U_e \qquad (2-6)$$

声强是有方向的量，它的指向就是声传播的方向，可以想象在有反射波存在的声场中，声强这一物理量往往不能反映其能量关系。例如，同时存在前进波和反射波，其总声强应为 $I = I_+ + I_-$，如果两者相等，则 $I = 0$。这时只能用声能密度来描述能量关系。

声场中介质的单位体积内包含的声能能量，称为声能密度。结合声强的定义，可得到平均声能密度 $\bar{\varepsilon}$ 与声强 I 的关系是：

$$\bar{\varepsilon} = \frac{I}{c} = \frac{P_e^2}{\rho c^2} \qquad (2-7)$$

对于平面声波，P_e、U_e 都是常数，不随距离变化，所以，平均声能量密度处处相等。

4. 声功率和声强的关系

如果声源均匀地向四周辐射声能叫做球面辐射，若围绕声源半径为 r 的球面上的声强为 I，则声功率 W 与半径为 r 的球面上的声强 I 有如下关系：

$$I = \frac{W}{4\pi r^2} \qquad (2-8)$$

可见，当声源的声功率一定时，球面辐射的声强 I 与离开声源的距离的平方成反比。

如果声源放置在刚性平面上，声波只能向半球面空间辐射，若距离声源半径为 r 的半球面上的声强为 I，而声功率为 W，这时 I 与 W 有如下关系：

$$I = \frac{W}{2\pi r^2} \tag{2—9}$$

用指向性因素来表示，式（2—8）和式（2—9）可表示为：

$$I = \frac{QW}{2\pi r^2} \tag{2—10}$$

式中，Q 为指向性因素。

假如指向性声源与无指向性声源的声功率相同，在距两声源相同距离的位置上，指向性因素 Q 等于有指向性声源造成的声压方均值 p^2 与无指向性声源造成的声压方均根值 p_D^2 之比。可以得到：

$$Q = \begin{cases} 1 & \text{无指向性点声源} \\ 2 & \text{刚性反射面上点声源} \\ 4 & \text{两壁面边线中心上点声源} \\ 8 & \text{房间角落上点声源} \end{cases}$$

二、声压级、声强级、声功率级及其运算

人耳对 1 000 Hz 声音的听阈声压约为 2×10^{-5} Pa，痛阈声压约为 20 Pa。从听阈到痛阈，声压相差 100 万倍。由此可见，声音的强弱变化范围是非常广的，用声压的绝对值来衡量声音的强弱是很不方便的，并且在整个范围内都采用一定绝对精度量度的仪器，也是很难实现的。另外，人耳主观上产生的"响度感觉"并不是正比于声音强度的绝对值，而是更接近于与声音强度的对数成正比。由于上述原因，在声学中普遍采用对数标度来量度声压、声强和声功率，分别称为声压级、声强级和声功率级，单位用分贝（dB）表示。

1. 声压级

声压级的符号为 L_p，其定义为：将待测声压的有效值 p_e 与参考声压 p_0 的比值取以 10 为底的常用对数，再乘以 20，即

$$L_p = 20 \lg \frac{p_e}{p_0} \tag{2—11}$$

在空气中，参考声压 p_0 通常取为 2×10^{-5} Pa，这个数值是正常人耳对 1 000 Hz 声音刚刚能够觉察到的最低声压值，也就是 1 000 Hz 声音的可听声压，低于这一声压值，一般人耳不能觉察到此声音的存在，亦即听阈声压级为零分贝。由此，式（2—11）也可以写为：

$$L_p = 20 \lg p_e + 94 \tag{2—12}$$

采用对数标度可以使数值相差悬殊的变化缩小到适当的范围内。例如，从人耳的听阈到痛阈，声压变化达 100 万倍，而用声压级来表示其变化范围为 0～120 dB。

由式（2—11）可知，一个声音比另一个声音的声压大一倍时，声压级约增加 6 dB，一般人耳对声音强弱的分辨能力为 0.5 dB。

2. 声强级

声强级的符号为 L_I，其定义为：待测声强 I 与参考声强 I_0 的比值取以 10 为底的常用对

数，再乘以 10，即

$$L_I = 10\lg \frac{I}{I_0} \tag{2—13}$$

在空气中，参考声强 I_0 通常取为 $10^{-12}\,\mathrm{W/m^2}$，是空气中参考声压 $p_0=2\times10^{-5}\,\mathrm{Pa}$ 对应的声强，由此，式（2—13）也可以写为：

$$L_I = 10\lg I + 120 \tag{2—14}$$

式中，声强 I 的单位为 $\mathrm{W/m^2}$。

综上所述，声强可表示为：

$$I = \frac{P_e^2}{\rho c} \tag{2—15}$$

把式（2—15）代入式（2—13）中可得：

$$L_I = 10\lg \frac{I}{I_0} = 10\lg\left[\frac{400 P_e^2}{\rho c} \bigg/ (2\times10^{-5})^2\right] = L_p + 10\lg \frac{400}{\rho c} \tag{2—16}$$

由于空气特性阻抗 ρc 与大气压强 P 成正比，而与绝对温度的平方根成反比，$10\lg\dfrac{400}{\rho c}$ 可改写为：

$$10\lg \frac{400}{\rho c} = -10\lg\left[\left(\frac{293}{273+t}\right)^{1/2} \cdot \frac{P}{100}\right] \tag{2—17}$$

式中，P 为大气压强，单位为 kPa；t 为温度，单位为 ℃。

在通常情况下，大气压强与温度变化范围不大，$10\lg\dfrac{400}{\rho c}$ 可以忽略不计，这时声强级与声压级基本相同。

3. 声功率级

声功率级的符号为 L_W，其定义为：待测声功率 W 与参考声功率 W_0 的比值取以 10 为底的常用对数，再乘以 10，即

$$L_W = 10\lg \frac{W}{W_0} \tag{2—18}$$

式中，W 是指声功率的平均值 $\overline{W}$；参考声功率 W_0 通常取为 $10^{-12}\,\mathrm{W}$，由此，式（2—18）也可以写为：

$$L_W = 10\lg \overline{W} + 120 \tag{2—19}$$

由声强和声功率的关系 $I = \overline{W}/S$（S 为垂直于声传播方向的面积），以及空气中声压级近似于声强级，可得：

$$L_p \approx L_I = 10\lg\left(\frac{\overline{W}}{S} \cdot \frac{1}{I_0}\right) = 10\lg\left(\frac{\overline{W}}{W_0} \cdot \frac{W_0}{I_0} \cdot \frac{1}{S}\right)$$

将 $W_0 = 10^{-12}\,\mathrm{W}$，$I_0 = 10^{-12}\,\mathrm{W/m^2}$ 代入上式，可得：

$$L_p \approx L_I = L_W - 10\lg S \tag{2—20}$$

根据式（2—20），对于自由场内的点声源，其声压级与声功率级的关系为：

$$L_p \approx L_I = L_W - 10\lg S = L_W - 10\lg(4\pi r^2) = L_W - 20\lg r - 11 \tag{2—21}$$

对于半自由场内的点声源，其声压级与声功率级的关系为：

$$L_p \approx L_I = L_W - 10\lg S = L_W - 10\lg(2\pi r^2) = L_W - 20\lg r - 8 \tag{2—22}$$

4. 声级运算

首先,不能把多个声级进行简单的代数相加,能进行相加运算的只能是声音的能量。根据平均声能密度公式:

$$\bar{\varepsilon} = \frac{I}{c} = \frac{P_e^2}{\rho c^2} \tag{2—23}$$

由于一般噪声不会发生干涉现象,应用声能量叠加的概念,多个声源在同一点产生的总声压应为:

$$P_T^2 = \sum_{i=1}^{n} P_i^2 \tag{2—24}$$

由声压级的定义可得:

$$p^2 = p_0^2 \times 10^{0.1L_p} \tag{2—25}$$

将式(2—25)带入式(2—24),有:

$$10^{0.1L_{PT}} = \sum_{i=1}^{n} 10^{0.1L_{Pi}} \tag{2—26}$$

这样,得到总声压级为:

$$L_{PT} = 10\lg\left(\sum_{i=1}^{n} 10^{0.1L_{Pi}}\right) \tag{2—27}$$

对于仅有2个声源的叠加,总声压级就变为:

$$L_{PT} = 10\lg(10^{0.1L_{P1}} + 10^{0.1L_{P2}}) \tag{2—28}$$

对于排除背景噪声问题,即在测量声源过程中,为了得到声源的真实声压级,须排除其他外界噪声的干扰,假设在受外界噪声干扰情况测得声源声压级为 L_{PT},在声源停止发声后,同一点测得声压级为 L_{P1},则由式(2—28)可得到声源声压级,即

$$L_{P2} = 10\lg(10^{0.1L_{PT}} - 10^{0.1L_{P1}})$$

声级的叠加不仅仅局限于两个声源或多个声源发出的声音,对同一个声源发声也有声级叠加的问题。一般声源发声所包含的不只是单一频率的成分,它发出的是各种频率合成的声波,而频率不同的声波是不发生干涉的,它们之间的叠加遵循能量相加的原则。所以,如果已知声源所发出的声波各频率成分的声压级,可以按照上述公式计算其总声压级。

三、噪声频谱

人耳可以听到的声音的频率范围,通常是从20 Hz到20 000 Hz,这个频率范围的声音叫做可听声。频率低于20 Hz的声音叫次声,高于20 000 Hz的声音叫超声,次声和超声人耳感觉不到。在噪声控制中研究的是可听声范围。

一般噪声都是由许多频率声波组成的复合声,不同的噪声含有的频率成分及各个频率上的能量分布是不同的,这种频率成分与能量分布的关系称为噪声的频谱。在噪声控制中,噪声频谱通常是以频带为横坐标,以声压级(或声强级、声功率级)为纵坐标,把频带与噪声强度的对应关系用图形来表示。噪声的频率特性常用噪声频谱来描述。

在噪声控制中，对噪声源进行频谱特性分析是非常重要的。噪声频谱能够形象地表示出声压级的分布状况，从而有助于了解声源的特性，这将为解决噪声控制问题提供重要依据。

在进行噪声频谱分析时，一般不需要每一个频率上声能量的详细分布。通常在连续频率范围内把它分为若干个相连的小段，每段叫做频带或频程，每个小频带内声能量被认为是均匀的，然后研究不同频带上的声能量分布情况。

划分频带的常用方法有两种：一种是保持频带宽度恒定，这种恒定带宽频带划分方法常用于噪声频谱的窄带分析；另一种是恒定相对带宽频带，即保持频带的上下限之比为常数。鉴于人耳对频率的响应特性，噪声控制中基本上采用恒定相对带宽频带的划分方法。一般关系式为：

$$\frac{f_2}{f_1}=2^n \tag{2—29}$$

或

$$n=\log_2\left(\frac{f_2}{f_1}\right) \tag{2—30}$$

式中，n 为正整数或分数。$n=1$，称为 1 个倍频程；$n=1/3$，称为 1/3 倍频程。这两种频带划分是噪声控制中最常用的。

频带内中心频率是上限频率和下限频率的几何平均值，即：

$$f_中=\sqrt{f_上 \cdot f_下} \tag{2—31}$$

国际标准化组织 ISO 和我国在声频范围内对倍频程和 1/3 倍频程的划分已作了标准化的规定，见表 2—1。

表 2—1　　　　　　　　　倍频程和 1/3 倍频程　　　　　　　　　Hz

倍频程			1/3 倍频程			倍频程			1/3 倍频程		
中心频率	下限频率	上限频率	中心频率	下限频率	上限频率	中心频率	下限频率	上限频率	中心频率	下限频率	上限频率
			12.5	11.2	14.1				800	710	900
16	11.2	22.4	16	14.1	17.8	1 000	710	1 400	1 000	900	1 120
			20	17.8	22.4				1 250	1 120	1 400
			25	22.4	28				1 600	1 400	1 800
31.5	22.4	45	31.5	28	35.5	2 000	1 400	2 800	2 000	1 800	2 240
			40	35.5	45				2 500	2 240	2 800
			50	45	56				3 150	2 800	3 550
63	45	90	63	56	71	4 000	2 800	5 600	4 000	3 550	4 500
			80	71	90				5 000	4 500	5 600
			100	90	112				6 300	5 600	7 100
125	90	180	125	112	140	8 000	5 600	1 1200	8 000	7 100	9 000
			160	140	180				10 000	9 000	11 200

续表

倍频程			1/3 倍频程			倍频程			1/3 倍频程		
中心频率	下限频率	上限频率	中心频率	下限频率	上限频率	中心频率	下限频率	上限频率	中心频率	下限频率	上限频率
250	180	355	200	180	224	16 000	11 200	22 400	12 500	11 200	14 100
			250	224	280				16 000	14 100	17 800
			315	280	355				20 000	17 800	22 400
500	355	710	400	355	450						
			500	450	560						
			630	560	710						

第二节 振动及其物理量度

一、位移、速度、加速度

简谐振动的瞬时位移为 $x=A\sin(\omega t)$，对其进行一次时间求导，即 $\frac{dx}{dt}$ 则可以得到瞬时速度：

$$v=\omega A\sin\left(\omega t+\frac{\pi}{2}\right) \qquad (2—32)$$

从式（2—32）可以看出速度振幅比位移振幅大 ω 倍，振动速度相位超前位移 $\frac{\pi}{2}$。

对振动速度再进行一次时间求导，即 $\frac{dv}{dt}$ 则可以求到瞬时加速度：

$$a=\omega^2 A\sin(\omega t+\pi) \qquad (2—33)$$

可见，简谐振动加速度的振幅比位移振幅大 ω^2 倍，比速度振幅大 ω 倍。振动加速度的相位超前位移为 π，超前速度为 $\frac{\pi}{2}$。

在这三个振动量中，位移在研究机械结构的强度和变形时较为有用；速度主要用来评价机器设备的振动大小（振动烈度），与噪声大小有直接关系；加速度常常在研究机械的疲劳、冲击等方面被采用，现在也普遍用于评价振动对人体的影响。

在涉及影响人体的振动问题和环境振动中，表明振动大小的量常用加速度，而不用位移和速度。

振动加速度是一个随时间变化的量，表示振动加速度值的大小通常使用峰值、平均值和有效值。为了明确说明这三个值的意义，现以简谐振动为例定义峰值、平均值和有效值。

设瞬时加速度为 $a(t)=K\sin\omega t$，则其峰值为 $\hat{a}=K$，即加速度振幅。

平均值为一个振动周期内瞬时绝对值的平均量。

$$\hat{a} = \int_0^T \frac{|a(t)|}{T}dt = \frac{2}{\pi}K \qquad (2—34)$$

式中，T 为简谐振动的周期。

有效值为一个振动周期内瞬时平方值的平均量的平方根：

$$a_{rms} = \sqrt{\overline{a^2}} = \sqrt{\int_0^T \frac{a^2}{T}dt} = \frac{K}{\sqrt{2}} \qquad (2—35)$$

关于峰值、平均值和有效值之间关系的分析，不仅适用于振动加速度，而且适用于振动位移和速度。

因为有效值直接与振动强度有关，所以，在环境振动问题上，振动加速度有效值是表明振动大小最重要的量。除非特别指明，振动加速度均指有效值。振动有效值适用于简谐振动、周期振动，更适用于非周期振动。

二、振动加速度级、振动级、Z振级

从人体刚刚觉察到振动（振动的加速度约为 10^{-3} m/s²）到人体能够承受的最强振动（约为 10^3 m/s²），振动加速度变化高达 100 万倍，这给振动的测量、运算和表达带来极大的不便。为方便起见，国家及国际上有关振动标准，采用振动加速度级代替振动速度级。

振动的加速度级是指加速度与基准加速度之比的、以 10 为底的对数乘以 20 所得的级数，符号记为 V_{AL}。单位为分贝（dB）。

$$V_{AL} = 20\lg\frac{a}{a_0} \text{（dB）}$$

式中　a——振动加速度有效值，m/s²；

　　　a_0——基准加速度，$a_0 = 10^{-6}$，m/s²。

振动级是按 GB/T 13441.1—2007 规定的全身振动不同频率加权因子修正后得到的振动加速度级，振级的符号记为 V_L。单位为分贝（dB）。

Z振级是按 GB/T 13441.1—2007 规定的全身振动 Z 加权因子修正后得到的振动加速度级，Z振级记为 VL_Z。单位为分贝（dB）。

第三节　响度与响度级

在噪声的物理评价中，声压和声压级是衡量声音强度的量。声压级越高，声音越强；声压级越低，声音越弱。但人耳对声音的感觉不仅和声压有关，而且也和频率有关，对高频声音感觉灵敏，对低频声音感觉迟钝。声压级相同而频率不同的声音，听起来可能不一样响，如击打钢轨和鼓的声音，声压级相同，听起来前者比后者响，就是由于前者是高频声，后者是低频声。因此，声压和声压级只能表征声音在物理上的强弱，不能表征人对声音的主观感觉。而研究噪声控制最终是为人类服务的，因此，在一定程度上对噪声的主观评价比对噪声的客观评价更重要。

响度是表征人耳对声音强弱程度的主观感觉程度，表示声响的大小。

一、响度级与等响曲线

为了方便，人们模仿声压级，引进响度级的概念。响度级是表示声音响度的量，它把声压级和频率用一个单位统一起来，既考虑声音的物理效应，又考虑声音对人耳听觉的生理效应，它是人们对噪声主观评价的基本量之一。

响度级的单位是方（phon）。它的定义是以频率为 1 000 Hz 的纯音的声压级为其响度级，也就是说，对于 1 000 Hz 的纯音，它的响度级就是这个声音的声压级。对于频率不是 1 000 Hz 的纯音，以 1 000 Hz 的纯音为基准声音，以其他频率的纯音和 1 000 Hz 纯音相比较，调整前者的声压级，使试听者判断两个纯音一样响，则称该纯音的响度级在数值上等于那个等响的 1 000 Hz 纯音的声压级。如某频率的声音听起来与声压级 70 dB、频率 1 000 Hz 的基准声音一样响，则该频率声音的响度级就是 70 方。

利用与基准声音比较的方法，就能够测量出整个可听频率范围的纯音响度级，把听起来同样响的各响应声压级按频率连成一条条曲线，这就是等响曲线。曲线表示响度级与声压级频率的关系，反映了人耳对各频率的灵敏度，其数值见表 2—2。

表 2—2 响度级 [方（phon）]、频率 f（Hz）和声压级 L_P（dB）的依赖关系

L_P	f											
	20	40	60	120	250	500	1 000	2 000	4 000	8 000	12 000	15 000
120	87.0	108.5	112.5	117.0	119.4	119.9	120.0	128.6	136.5	113.0	110.9	103.4
110	74.2	97.1	102.1	107.8	111.1	111.3	110.0	117.0	124.7	103.4	104.5	99.0
100	57.0	84.7	90.8	98.2	102.3	102.4	100.0	105.7	113.1	93.7	97.3	94.4
90	37.9	71.2	78.9	88.0	93.1	93.2	90.0	94.6	101.7	83.8	89.5	87.6
80	17.0	56.7	66.4	77.3	83.4	83.7	80.0	83.6	90.5	73.7	80.9	79.3
70	(−5.8)	41.2	53.1	66.1	73.2	74.0	70.0	72.6	79.5	63.5	71.7	69.4
60		24.7	39.2	54.4	62.6	63.9	60.0	62.3	68.7	53.0	61.7	58.0
50		7.1	24.6	42.1	51.5	53.5	50.0	52.0	58.5	42.4	51.7	45.0
40		(−11.5)	9.3	25.6	40.0	42.8	40.0	41.9	47.6	31.6	39.7	30.5
30			(−6.6)	16.0	28.0	31.8	30.0	31.9	37.4	20.7	27.7	14.4
20				2.2	15.8	20.5	20.0	22.2	27.4	9.5	14.9	(−3.2)
10				(−12.1)	2.6	8.9	10.0	12.4	17.5	(−1.8)	1.5	
0					(−10.8)	(−3.0)	0	3.3	7.9	(−12.7)		
−10								(−5.9)	(−1.6)			

图 2—1 所示的等响曲线是 D. W. 鲁宾森和 R. S. 达德森提出的，已为国际标准化组织 ISO 采用（见 ISO/R226—1961），故又叫做 ISO 等响曲线。这簇曲线是由测试所得。测试条件是：(1) 声源在被测试者头顶上方；(2) 声波为自由平面波；(3) 测量声压级时，被测

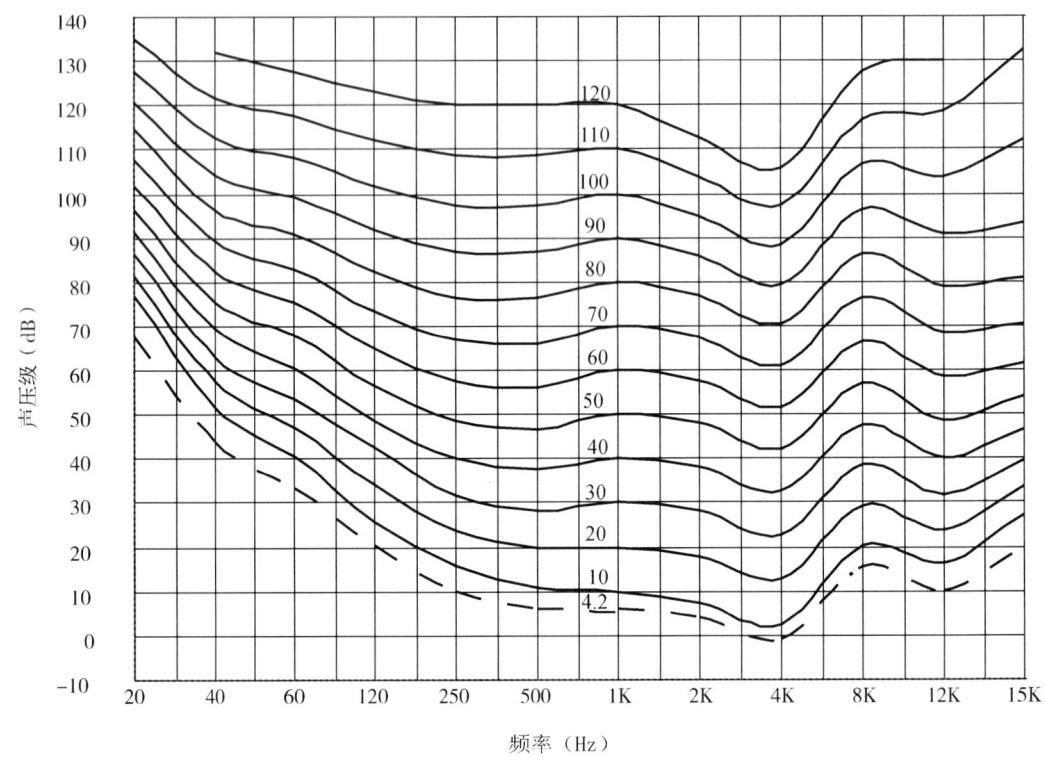

图 2—1 等响曲线

试者不在场;(4) 用双耳听声音;(5) 被试者为 18~25 岁的听力正常者。

等响曲线的横坐标是频率,纵坐标是声压级,每一条曲线相当于声压级和频率不同而响度相同的声音,亦即相当于一定响度级(方)的声音。等响曲线上的数字是指 1 000 Hz 纯音的声压级,每条等响曲线上的纯音的响度级均等于该数字表示的方数。例如,声压级为 85 dB 的 50 Hz 的纯音、声压级为 66 dB 的 500 Hz 的纯音、声压级为 61 dB 的 4 000 Hz 纯音与声压级为 70 dB 的 1 000 Hz 的纯音响度相等,响度级都等于 70 方。

最下面的曲线是听阈曲线,最上面的曲线是痛阈曲线,听阈和痛阈之间是正常人耳能够听到的全部声音。

听阈曲线又叫最小可听声场,是正常青年人能听见的最小声音。因为在低响度级时,人耳的判断力较差,而且很难做到一点外界噪声干扰也没有,所以不同作者作出的听阈曲线差别较大。

早期等响曲线(由 H. 弗莱彻和 W. A. 芒森提出)和 ISO 等响曲线有较大差别,例如,ISO 等响曲线与 H. 弗莱彻和 W. A. 芒森等响曲线在 1 000 Hz 的听阈值,一个是 4.2 方,一个是 0 方。

从等响曲线可以看出:

(1) 人耳对高频声音,特别是 3 000~4 000 Hz 的声音敏感,而对于低频声音,特别是 100 Hz 以下的低频声音不敏感。如同样的响度级 80 方,对于 20 Hz 的声音,声压级是

114 dB；而对于 120 Hz 的声音，声压级是 82 dB；对于 1 000 Hz 的声音来说，声压级是 80 dB；对于 4 000 Hz 的声音，声压级是 70 dB；它们都在响度级为 80 方的等响曲线上。

（2）当声压级小、频率低时，对于某一声音，声压级和响度级的差别很大，如声压级为 40 dB 的 50 Hz 的低频声是听不见的（低于听阈线），它的响度还不到零方。而同样 40 dB 声压级的 80 Hz 的低频声的响度级为 20 方，600 Hz 的中音为 42 方，1 000 Hz 的高音为 40 方。

（3）当声压级高于 100 dB 时，等响曲线已逐渐拉平。这说明，当声音达到一定程度（高于 100 dB），人耳已不易分辨出高低频声音，声音的响度只决定于声压级，而与频率关系不太大。

二、响度

响度级是个相对量，响度级不能表示出一个声音比另一个声音响的程度。为了解决这一问题，应确定声音响度的标度及其单位。这就引出一个响度单位宋（son）。经大量测定分析发现，响度与响度级之间并不呈正比关系，即响度级增加 1 倍，声音的响亮程度增加了不止 1 倍，它们之间符合如下规律：

40 方的响度为 1 宋，50 方的响度为 2 宋，60 方的响度为 4 宋，70 方的响度为 8 宋……即响度级每改变 10 方，响度相应改变 1 倍。

用公式表示则为：

$$S=2^{\frac{L_S-40}{10}} \tag{2—36}$$

式中，S 为响度（宋）；L_S 为响度级（方）。

式（2—36）中的适用范围是 20～120 方，在 20 方以下不适用。

用响度表示声音的大小，可以直接算出声响增加或降低的百分数。如某声源经声学处理后，响度级降低 10 方，则相当于响度降低 50%；响度级降低 20 方，相当于响度降低 75%；响度级降低 30 方，相当于响度降低 87% 等。显然，这种表示方法是很直观的。

对于由许多频率成分组成的复杂噪声，不能用简单的纯音比较的方法计算出它的响度。史蒂文斯（Stevens）根据大量的生理声学试验，并考虑掩蔽等听觉效应，对连续频谱的噪声，提出了根据倍频带声压级计算响度级的方法：首先测出噪声的倍频带声压级，然后在表 2—3 中查出各倍频带的响度指数，最后按式（2—37）计算出总响度总 $S_总$：

$$S_总 = S_{最大} + 0.3(\sum S - S_{最大}) \tag{2—37}$$

式中，$S_总$ 为总响度，单位为宋；$S_{最大}$ 为频带中最大的响度指数；$\sum S$ 为所有频带的响度指数之和。

已知总响度后，就可以在表 2—3 中查出响度级（方值），也可从下式计算得到：

$$L_S = 40 + 33.22 \lg S_总 \tag{2—38}$$

表 2—3　　声压级与响度指数、响度、响度级的换算表

倍频带声压级 dB	倍频带响度指数									响度 宋（son）	响度级 方（phon）
	31.5	63	125	250	500	1 000	2 000	4 000	8 000		
20						0.18	0.30	0.45	0.61	0.25	20
21						0.22	0.35	0.50	0.67	0.27	21
22					0.07	0.26	0.40	0.55	0.73	0.29	22
23					0.12	0.30	0.45	0.61	0.80	0.31	23
24					0.16	0.35	0.50	0.67	0.87	0.33	24
25					0.21	0.40	0.55	0.73	0.94	0.35	25
26					0.26	0.45	0.61	0.80	1.02	0.38	26
27					0.31	0.50	0.67	0.87	1.10	0.41	27
28				0.07	0.37	0.55	0.73	0.94	1.18	0.44	28
29				0.12	0.43	0.61	0.80	1.02	1.27	0.47	29
30				0.16	0.49	0.67	0.87	1.10	1.35	0.50	30
31				0.21	0.55	0.73	0.94	1.18	1.44	0.54	31
32				0.26	0.61	0.80	1.02	1.27	1.54	0.57	32
33				0.31	0.67	0.87	1.10	1.35	1.64	0.62	33
34			0.07	0.37	0.73	0.94	1.18	1.44	1.75	0.66	34
35			0.12	0.43	0.80	1.02	1.27	1.54	1.87	0.71	35
36			0.16	0.49	0.87	1.10	1.35	1.64	1.99	0.76	36
37			0.21	0.55	0.94	1.18	1.44	1.75	2.11	0.81	37
38			0.26	0.62	1.02	1.27	1.54	1.87	2.24	0.87	38
39			0.31	0.69	1.10	1.35	1.64	1.99	2.38	0.93	39
40		0.07	0.37	0.77	1.18	1.44	1.75	2.11	2.53	1.00	40
41		0.12	0.43	0.85	1.27	1.54	1.87	2.24	2.68	1.07	41
42		0.16	0.49	0.94	1.35	1.64	1.99	2.38	2.84	1.15	42
43		0.21	0.55	1.04	1.44	1.75	2.11	2.53	3.0	1.23	43
44		0.26	0.62	1.13	1.54	1.87	2.24	2.68	3.2	1.32	44
45		0.31	0.69	1.23	1.64	1.99	2.38	2.84	3.4	1.41	45
46	0.07	0.37	0.77	1.33	1.75	2.11	2.53	3.0	3.6	1.52	46
47	0.12	0.43	0.85	1.44	1.87	2.24	2.68	3.2	3.8	1.62	47
48	0.16	0.49	0.94	1.56	1.99	2.38	2.84	3.4	4.1	1.74	48
49	0.21	0.55	1.04	1.69	2.11	2.53	3.0	3.6	4.3	1.87	49

续表

倍频带声压级	倍频带响度指数									响度	响度级
dB	31.5	63	125	250	500	1 000	2 000	4 000	8 000	宋（son）	方（phon）
50	0.26	0.62	1.13	1.82	2.24	2.68	3.2	3.8	4.6	2.00	50
51	0.31	0.69	1.23	1.96	2.38	2.84	3.4	4.1	4.9	2.14	51
52	0.37	0.77	1.33	2.11	2.53	3.0	3.6	4.3	5.2	2.30	52
53	0.43	0.85	1.44	2.24	2.68	3.2	3.8	4.6	5.5	2.46	53
54	0.49	0.94	1.56	2.38	2.84	3.4	4.1	4.9	5.8	2.64	54
55	0.55	1.04	1.69	2.53	3.0	3.6	4.3	5.2	6.2	2.83	55
56	0.62	1.13	1.82	2.68	3.2	3.8	4.6	5.5	6.6	3.03	56
57	0.69	1.23	1.96	2.84	3.4	4.1	4.9	5.8	7.0	3.25	57
58	0.77	1.33	2.11	3.0	3.6	4.3	5.2	6.2	7.4	3.48	58
59	0.85	1.44	2.27	3.2	3.8	4.6	5.5	6.6	7.8	3.73	59
60	0.94	1.56	2.44	3.4	4.1	4.9	5.8	7.0	8.3	4.00	60
61	1.04	1.69	2.62	3.6	4.3	5.2	6.2	7.4	8.8	4.29	61
62	1.13	1.82	2.81	3.8	4.6	5.5	6.6	7.8	9.3	4.59	62
63	1.23	1.96	3.0	4.1	4.9	5.8	7.0	8.3	9.9	4.92	63
64	1.33	2.11	3.2	4.3	5.2	6.2	7.4	8.8	10.5	5.28	64
65	1.44	2.27	3.5	4.6	5.5	6.6	7.8	9.3	11.1	5.66	65
66	1.56	2.44	3.7	4.9	5.8	7.0	8.3	9.9	11.8	6.06	66
67	1.69	2.62	4.0	5.2	6.2	7.4	8.8	10.5	12.6	6.50	67
68	1.82	2.81	4.3	5.5	6.6	7.8	9.3	11.1	13.5	6.96	68
69	1.96	3.0	4.7	5.8	7.0	8.3	9.9	11.8	14.4	7.46	69
70	2.11	3.2	5.0	6.2	7.4	8.8	10.5	12.6	15.3	8.0	70
71	2.27	3.5	5.4	6.6	7.8	9.3	11.1	13.5	16.4	8.6	71
72	2.44	3.7	5.8	7.0	8.3	9.9	11.8	14.4	17.5	9.2	72
73	2.62	4.0	6.2	7.4	8.8	10.5	12.6	15.3	18.7	9.8	73
74	2.81	4.3	6.6	7.8	9.3	11.1	13.5	16.4	20.0	10.6	74
75	3.0	4.7	7.0	8.3	9.9	11.8	14.4	17.5	21.4	11.3	75
76	3.2	5.0	7.4	8.8	10.5	12.6	15.3	18.7	23.0	12.1	76
77	3.5	5.4	7.8	9.3	11.1	13.5	16.4	20.0	24.7	13.0	77
78	3.7	5.8	8.3	9.9	11.8	14.4	17.5	21.4	26.5	13.9	78
79	4.0	6.2	8.8	10.5	12.6	15.3	18.7	23.0	28.5	14.9	79
80	4.3	6.7	9.3	11.1	13.5	16.4	20.0	24.7	30.5	16.0	80

续表

倍频带声压级	倍频带响度指数									响度	响度级
dB	31.5	63	125	250	500	1 000	2 000	4 000	8 000	宋（son）	方（phon）
81	4.7	7.2	9.9	11.8	14.4	17.5	21.4	26.5	32.9	17.1	81
82	5.0	7.7	10.5	12.6	15.3	18.7	23.0	28.5	35.3	18.4	82
83	5.4	8.2	11.1	13.5	16.4	20.0	24.7	30.5	38.0	19.7	83
84	5.8	8.8	11.8	14.4	17.5	21.4	26.5	32.9	41.0	21.1	84
85	6.2	9.4	12.6	15.3	18.7	23.0	28.5	35.3	44.0	22.6	85
86	6.7	10.1	13.5	16.4	20.0	24.7	30.5	38.0	48.0	24.3	86
87	7.2	10.9	14.4	17.5	21.4	26.5	32.9	41.0	52.0	26.0	87
88	7.7	11.7	15.3	18.7	23.0	28.5	35.3	44.0	56.0	27.9	88
89	8.2	12.6	16.4	20.0	24.7	30.5	38.0	48.0	61.0	29.9	89
90	8.8	13.6	17.5	21.4	26.5	32.9	41.0	52.0	66.0	32.0	90
91	9.4	14.8	18.7	23.0	28.5	35.3	44.0	56.0	71.0	34.3	91
92	10.1	16.0	20.0	24.7	30.5	38.0	48.0	61.0	77.0	36.8	92
93	10.9	17.3	21.4	26.5	32.9	41.0	52.0	66.0	83.0	39.4	93
94	11.7	18.7	23.0	28.5	35.3	44.0	56.0	71.0	90.0	42.2	94
95	12.6	20.0	24.7	30.5	38.0	48.0	61.0	77.0	97.0	45.3	95
96	13.6	21.4	26.5	32.9	41.0	52.0	66.0	83.0	105.0	48.5	96
97	14.8	23.0	28.5	35.3	44.0	56.0	71.0	90.0	113.0	52.0	97
98	16.0	24.7	30.5	38.0	48.0	61.0	77.0	97.0	121.0	55.7	98
99	17.3	26.5	32.9	41.0	52.0	66.0	83.0	105.0	130.0	59.7	99
100	18.7	28.5	35.3	44.0	56.0	71.0	90.0	113.0	139.0	64.0	100
101	20.3	30.5	38.0	48.0	61.0	77.0	97.0	121.0	149.0	68.6	101
102	22.1	32.9	41.0	52.0	66.0	83.0	105.0	130.0	160.0	73.5	102
103	24.0	35.3	44.0	56.0	71.0	90.0	113.0	139.0	171.0	78.8	103
104	26.1	38.0	48.0	61.0	77.0	97.0	121.0	149.0	184.0	84.4	104
105	28.5	41.0	52.0	66.0	83.0	105.0	130.0	160.0	197.0	90.5	105
106	31.0	44.0	56.0	71.0	90.0	113.0	139.0	171.0	211.0	97.0	106
107	33.9	48.0	61.0	77.0	97.0	121.0	149.0	184.0	226.0	104.0	107
108	36.9	52.0	66.0	83.0	105.0	130.0	160.0	197.0	242.0	111.0	108
109	40.3	56.0	71.0	90.0	113.0	139.0	171.0	211.0	260.0	119.0	109
110	44.0	61.0	77.0	97.0	121.0	149.0	184.0	226.0	278.0	128.0	110
111	49.0	66.0	83.0	105.0	130.0	160.0	197.0	242.0	298.0	137.0	111

续表

倍频带声压级 dB	倍频带响度指数									响度 宋 (son)	响度级 方 (phon)
	31.5	63	125	250	500	1 000	2 000	4 000	8 000		
112	54.0	71.0	90.0	113.0	139.0	171.0	211.0	260.0	320.0	147.0	112
113	59.0	77.0	97.0	121.0	149.0	184.0	226.0	278.0	343.0	158.0	113
114	65.0	83.0	105.0	130.0	160.0	197.0	242.0	298.0	367.0	169.0	114
115	71.0	90.0	113.0	139.0	171.0	211.0	260.0	320.0		181.0	115
116	77.0	97.0	121.0	149.0	184.0	226.0	278.0	343.0		194.0	116
117	83.0	105.0	130.0	160.0	197.0	242.0	298.0	367.0		208.0	117
118	90.0	113.0	139.0	171.0	211.0	260.0	320.0			223.0	118
119	97.0	121.0	149.0	184.0	226.0	278.0	343.0			239.0	119
120	105.0	130.0	160.0	197.0	242.0	298.0	367.0			256.0	120
121	113.0	139.0	171.0	211.0	260.0	320.0				274.0	121
122	121.0	149.0	184.0	226.0	278.0	343.0				294.0	122
123	130.0	160.0	197.0	242.0	298.0	367.0				315.0	123
124	139.0	171.0	211.0	260.0	320.0					338.0	124
125	149.0	184.0	226.0	278.0	343.0					362.0	125

例：某噪声源实测倍频带噪声频谱如下，计算总响度和响度级。

频带（Hz）	31.5	63	125	250	500	1 000	2 000	4 000	8 000
声压级（dB）	70	75	80	84	87	92	93	87	70

在表 2—3 中查出相应的响度指数。

频带（Hz）	31.5	63	125	250	500	1 000	2 000	4 000	8 000
响度指数	2.11	4.7	9.3	14.4	21.4	38	52	41	15.3

其次，计算所有频带的响度指数之和。$\sum S = 2.11+4.7+9.3+14.4+21.4+38+52+41+15.3=198.21$。

将各数代入式（2—37）中，则总响度为：
$$S_{总}=0.7\times 52+0.3\times 198.21 \approx 95.86 （宋）$$

又从表 2—3 中查得响度级为 106 方。

史蒂文斯的响度级计算方法，又叫做"标记法Ⅱ"，这个方法与主观测听确定的响度级的实验法所得数据相符。

第四节 A 声级和等效连续 A 声级

一、A 声级

由等响曲线可以看出，人耳对高频声音，特别是对 3 000～4 000 Hz 的声音比较敏感，而对低频声音，特别是 100 Hz 以下的可听声不敏感，且频率越低越不敏感。即声压级相同的声音由于频率不同所产生的主观感觉不一样。为了使声音的客观量度和人耳听觉主观感受近似取得一致，在测量声音的声级计上装置了对频率的计权网络，即加上一个滤波器，其方法是在声级计的放大线路中插入计权网络。A 计权网络是模拟人耳对 40 phon 纯音的响应，与 40 phon 的等响曲线倒立后的形状相接近，它使接收、通过的低频段声音有较大的衰减。B 计权网络是模拟人耳对 70 phon 纯音的响应，与 70 phon 等响曲线倒立后的形状相接近，它使接收、通过的低频段声音有一定的衰减。C 计权网络是模拟人耳对 100 phon 纯音的响应，与 100 phon 的等响曲线倒立后的形状相接近，在整个可听频率范围内有近乎平直的特性，它让所有频率的声音以近乎一样的程度通过。D 计权网络主要用于航空噪声的评价，目前应用较少。如果不加频率计权，即声级计的读数通常叫做声级，单位也是分贝（dB），但要在 dB 后面注明计权网络的名称。如用 A 计权网络测得的声级为 90 dB，则记作 90 dB（A）或 90 dBA；用 C 计权网络测得的声级为 90 dB，则记作 90 dB（C）或 90 dBC。A、B、C、D 计权曲线频率响应特征的修正值见表 2—4。

表 2—4　　　　A、B、C、D 计权曲线频率响应特性的修正值

频率（Hz）	相对响应（dB）			
	A 计权曲线	B 计权曲线	C 计权曲线	D 计权曲线
10	−70.4	−38.2	−14.3	−26.6
12.5	−63.4	−33.2	−11.2	−24.6
16	−56.7	−28.5	−8.5	−22.6
20	−50.5	−24.2	−6.2	−20.6
25	−44.7	−20.4	−4.4	−18.7
31.5	−39.4	−17.1	−3.0	−16.7
40	−34.6	−14.2	−2.0	−14.7
50	−30.2	−11.6	−1.3	−12.8
63	−26.2	−9.3	−0.8	−10.9
80	−22.5	−7.4	−0.5	−9.0
100	−19.1	−5.6	−0.3	−7.2
125	−16.1	−4.2	−0.2	−5.5
160	−13.4	−3.0	−0.1	−4.0

续表

频率（Hz）	相对响应（dB）			
	A计权曲线	B计权曲线	C计权曲线	D计权曲线
200	−10.9	−2.0	0	−2.6
250	−8.6	−1.3	0	−1.6
315	−6.6	−0.8	0	−0.8
400	−4.8	−0.5	0	−0.4
500	−3.2	−0.3	0	−0.3
630	−1.9	−0.1	0	−0.5
800	−0.8	0	0	−0.6
1 000	0	0	0	0
1 250	0.6	0	0	2.0
1 600	1.0	0	−0.1	4.9
2 000	1.2	−0.1	−0.2	7.9
2 500	1.3	−0.2	−0.3	10.4
3 150	1.2	−0.4	−0.5	11.6
4 000	1.0	−0.7	−0.8	11.1
5 000	0.5	−1.2	−1.3	9.6
6 300	−0.1	−1.9	−2.0	7.6
8 000	−1.1	−2.9	−3.0	5.5
10 000	−2.5	−4.3	−4.4	3.4
12 500	−4.3	−6.1	−6.2	1.4
16 000	−6.6	−8.4	−8.5	−0.7
20 000	−9.3	−11.1	−11.2	−2.7

设置计权网络的原意是，低于55dB的声音用A声级计量，55～85 dB的声音用B声级计量，85 dB以上的声音用C声级计量。但研究发现，不管多大声级的声音，用A声级测得的结果与人耳对声音的响度感觉相近，因此，人们就把A声级作为评价噪声的主要指标。

A声级容易直接测量，并且A计权网络的衰减特性是完全确定的，用A声级评价易于跟不同的测量结果进行比较。但A声级不能代替倍频程声压级，因为A声级不能全面反映噪声源的频谱特性，相同的A声级其频谱特性可能有很大的差异。如风机噪声和排气放空噪声的频谱就是截然不同的。

在已知倍频程和1/3倍频程声压级的情况下，A声级可以应用下列公式进行计算：

$$L_{pA} = 10\lg\left(\sum_{i}^{n} 10^{\frac{L_{pi}+\Delta_i}{10}}\right) \qquad (2\text{—}39)$$

式中 L_{pi}——第 i 个倍频程（或 1/3 倍频程）的声压级；
Δ_i——第 i 个频程 A 计权网络的修正值。

二、等效连续 A 声级

当评价噪声对人体的影响时，不但要考虑该噪声的大小，而且要考虑作用时间。比如说，一个人在 100 dBA 的噪声环境里工作 8 h，另一个人在 100 dBA 的噪声环境下工作 2 h，他们所受噪声的影响肯定不一样。但是，如果一个人在 100 dBA 的噪声环境下，一天工作 8 h，另一个人一天之内在 100 dBA 的噪声环境下工作 2 h，在 105 dBA 的噪声环境下工作 3 h，又在 95 dBA 的噪声环境下工作 1 h，就不易比较两者所受的噪声影响大小。为此，引入等效连续 A 声级的概念。等效连续 A 声级的定义是：在声场中一定点位置上，将间歇暴露的几个不同的 A 声级噪声，用一个在相同时间内声能与之相等的连续稳定的 A 声级来表示该段时间内噪声的大小。这个声级即为等效连续声级，单位仍为 dBA。

等效连续 A 声级的数学表达式为：

$$L_{Aeq}=10\lg\left(\frac{1}{T}\right)\int_0^T 10^{0.1L_A}dt \quad (2-40)$$

式中 L_{Aeq}——等效连续 A 声级，单位为 dB；
T——某段时间的时间量；
L_A——变化声级的瞬时值。

噪声的 A 声级测量值为非连续离散值时，式（2—40）可改写为：

$$L_{Aeq}=10\lg\frac{1}{\sum_i \Delta t_i}\sum 10^{0.1L_{Ai}}\Delta t_i \quad (2-41)$$

式中 L_{Ai}——第 i 个 A 声级；
Δt_i——第 i 个 A 声级所占用的时间。

例：某工人，在一天 8 h 工作时间内，1 h 接触 105 dB（A）的噪声，2 h 接触 90 dB（A）的噪声，2 h 接触 85 dB（A）的噪声，3 h 接触 70 dB（A）的噪声，计算 8 h 工作时间内的等效连续 A 声级。

$$L_{Aeq}=10lg\frac{1}{\sum_i \Delta t_i}\sum 10^{0.1L_{Ai}}\Delta t_i$$

$$=10\lg\left[\frac{1}{8}\cdot(10^{0.1\times105}\times1+10^{0.1\times90}\times2+10^{0.1\times85}\times2+10^{0.1\times70}\times3)\right]=96.3$$

第五节 噪声评价数和语言干扰级

一、噪声评价数

A 声级是单一的数值，是噪声的所有频率成分的综合反映。在声压级较低的情况下，它基本符合人耳听觉特性，又容易直接测定，故国内外广泛使用 A 声级作为噪声的评价标准。

但是，A 声级代替不了用频带声压级来评价噪声，因为不同频谱形状的噪声可以是同一 A 声级值。所以，若想较细致地确定各频带的噪声评价标准，那么还需用"噪声评价数"来评价噪声。

图 2—2 所示为广泛应用的国际标准组织（ISO）推荐的一族噪声评价数曲线（简称 NR 曲线或 N 曲线）。噪声级范围是 0～130 dB，频率范围是 31.5～8 000 Hz 九个倍频程，曲线的 NR 数即等于 1 000 Hz 倍频程声压级值。各倍频带声压级与 NR 数的关系如下式：

$$L_p = a + bNR \tag{2—42}$$

式中 L_p——倍频程声压级（dB）；

NR——噪声评价数；

a、b——与各倍频程声压级有关的常数，见表 2—5。

若求某噪声的噪声评价数只要把该噪声频谱与图 2—2 中曲线族放在一起，噪声各频带声压线中达到的最大噪声评价曲线就是该噪声的噪声评价数（NR）。

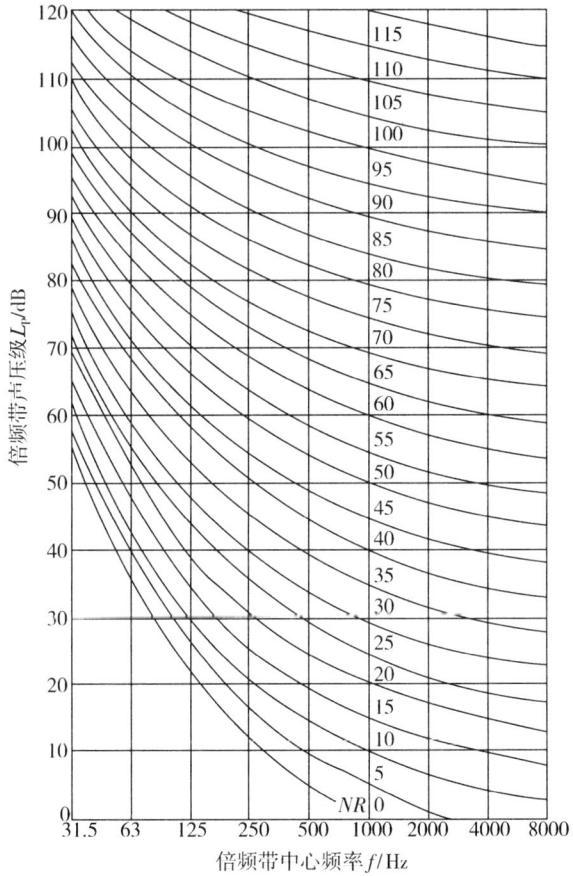

图 2—2 噪声评价曲线

表 2—5　　　　　　　　　　　　　不同中心频率下的系数 a 和 b

倍频程中心频率（Hz）	a（dB）	b（dB）
31.5	55.4	0.681
63	35.5	0.790
125	22.0	0.870
250	12.0	0.930
500	4.8	0.974
1 000	0	1.000
2 000	−3.5	1.015
4 000	−6.1	1.025
8 000	−8.0	1.030

噪声评价数 NR 与 A 声级之间有较大的相关性。例如，与 NR30 曲线相对应的 A 声级为 39.2 dB，与 NR60 曲线相对应的 A 声级为 67.2 dB。NR 值越小，其对应的 A 声级与 NR 值的差值越大。在《工业企业厂界环境噪声排放标准》（GB 12348—2008）中，结构传播固定设备室内噪声排放限值的倍频带声压级就采用了比 A 声级小 10 dB 的 NR 值。不过在实践中，噪声频谱不会刚好与评价曲线一致。通常规定在保证噪声频谱不超出评价曲线的前提下，以最靠近噪声频谱的评价曲线来决定该噪声的噪声评价数。实践经验表明，在工业噪声场合，NR 值比 A 声级要小 5 dB 左右。

二、语言干扰级

在一般情况下，近距离正常谈话应当清楚明白的。但在噪声干扰下，正常语言交谈就会受到妨碍。国际标准化组织（ISO）规定，把 500 Hz、1 000 Hz、2 000 Hz、4 000 Hz 为中心频率的四个倍频程声压级算术平均值定为"语言干扰级"（SIL），单位是 dB，用作评价噪声对人谈话的干扰程度（原来是只有 500 Hz、1 000 Hz、2 000 Hz 三个倍频程，根据研究，4 000 Hz 频带对语言干扰也有影响，所以 ISO 最新规定用四个倍频带）。实际应用中，将测量的 500 Hz、1 000 Hz、2 000 Hz、4 000 Hz 四个倍频程声压级代入下式，便可求得语言干扰级：

$$SIL = \frac{L_{500} + L_{1\,000} + L_{2\,000} + L_{4\,000}}{4} \tag{2—43}$$

式中，L_{500}、$L_{1\,000}$、$L_{2\,000}$、$L_{4\,000}$ 分别代表 500 Hz、1 000 Hz、2 000 Hz、4 000 Hz 为中心频率的倍频带声压级。

谈话的总声压级与语言干扰级相比，如果前者比后者高 10 dB，可以听得清楚；如果两者相等可以勉强听清；如果前者比后者低 10 dB，就完全听不清了。

参 考 文 献

[1] 马大猷,沈壕. 声学手册. 北京:科学出版社,2004
[2] 杜功焕,朱哲民,龚秀芬. 声学基础. 南京:南京大学出版社,2001
[3] 方丹群,王文奇,孙家麒. 噪声控制. 北京:北京出版社,1986
[4] 郑长聚,洪宗辉,王谔贤,章力. 环境噪声控制工程. 北京:高等教育出版社,1988
[5] 王文奇,江珍泉. 噪声控制技术. 北京:化学工业出版社,1987
[6] 工业企业厂界环境噪声排放标准(GB 12348—2008)
[7] 机械振动与冲击 人体暴露于全身振动的评价 第1部分:一般要求(GB/T 13441.1—2007)

第三章　噪声控制步骤

只有当声源、声传播途径和接收者三者同时存在时才出现噪声污染问题。因此，控制噪声污染必须把这三者作为一个系统进行考虑。声源就是振动的物体，从广义说它可能是振动的固体，也可能是振动的流体（喷注、湍流、紊流）；传播途径是指通过空气或固体对声音的传播；接收者可以是人（个别人或很多人），也可以是仪器设备。至于噪声控制所采取的措施，要考虑声源的特性、如何传播，以及允许的标准，从这三方面结合工程的具体情况，所需降噪量的大小、经济技术条件的可能性，权衡利弊等，采取综合性的措施，才能达到预期的效果。

第一节　降低声源噪声

从声源上降低噪声是控制噪声最有效和最直接的措施。降低声源噪声，就是使发声体变为不发声体或者降低发声体辐射的声功率。通过研制低噪声设备、改进生产工艺、提高设备的加工精度和装配质量等方面来实现。这样可以从根本上解决噪声的污染或大大简化传播途径上的控制措施。

一、研制低噪声设备

在设计和制造机械设备时，选用内阻较大的材料，改进设备结构或传动方式，均能取得降低噪声的效果。

1. 选用内阻大的材料制造零件

一般金属材料，如钢、铜、铝等，它们的内阻尼、内摩擦较小，消耗振动能量的性能比较差，因此，凡用这些材料做成的机械零件，在振动力的作用下，机械零件表面会辐射较强的噪声。而采用材料内耗大的高阻尼合金就不同了，高阻尼合金（如锰—铜—锌合金）的合金晶体内部存在一定的可动区，当它受到作用力时，合金内摩擦将引起振动滞后损耗效应，使振动能转化为热能散掉。因而在同样作用力的激发下，高阻尼合金要比一般金属辐射的噪声小得多。

2. 改进设备结构降低噪声

通过改进设备的结构减小噪声，其潜力是巨大的。如风机叶片的不同形式，其噪声的大小就有很大差别。例如，把风机叶片由直片形改成后弯形，可降低噪声 10 dBA 左右。有些电动机设计得比较保守，冷却风扇选得大，噪声也大。试验表明，若把冷却风扇从末端去掉 $2\sim3$ mm，能将噪声降低 $6\sim7$ dB（A）。

3. 改进传动装置降低噪声

对旋转的机械设备，采用不同的传动装置，其噪声大小是不一样的。从控制噪声角度考虑，应尽量选用噪声小的传动方式。实测表明，一般正齿轮传动装置噪声比较大，而改用斜齿轮或螺旋齿轮，它啮合时重合系数大，可降低噪声 3~10 dB（A），若用皮带传动代替正齿轮传动，可降低噪声 16 dB（A）。

齿轮类的传动装置，可通过减小齿轮的线速度及选择合适的传动比来降低噪声。试验表明，若将齿轮的线速度降低一半，噪声就会降低 6 dB（A）；传动比若选用非整数，噪声可降低 2~3 dB（A）。

二、改进生产工艺

改进生产工艺，也是从声源上降低噪声的一种途径。比如，对建筑施工的打桩机噪声进行测试表明，柴油打桩机在 10 m 处噪声达 95~105 dB（A），而钻孔灌注桩机的噪声则只有 80 dB（A）。在工厂里，把铆接改用焊接，把锻打改成摩擦压力或液压加工，均可将噪声降低 20~40 dB（A）。

三、提高加工精度和装配质量

机器运行中，由于机件间的撞击、摩擦，或由于动平衡不好，都会导致噪声增大。可采用提高机件加工精度和机器装配质量的方法降低噪声。例如，提高传动齿轮的加工精度，既可减小齿轮的啮合摩擦，也使振动减小，这样就会减小噪声。

需要说明的是，降低机器设备噪声，也往往会提高机器的效率和延长使用寿命。也就是说，噪声大小常反映着机器的加工质量和装配质量的好坏。目前我国许多机械产品制造部门已开始重视这个问题，并制定了许多设备噪声允许标准，如工程机械噪声限值和测定、汽车定置噪声限值等。这极大地降低了我国机械设备的噪声。

第二节 在传播途径上降噪

如果由于条件的限制，从声源上降低噪声难以实现时，就需要从噪声传播途径上加以考虑，即在传播途径上阻断声波的传播，或使声波传播的能量随距离衰减。这就要求在总体规划上尽可能做到布局合理。例如，将工业区、商业区和居民区分开布置，以使居民住宅远离吵闹的马路或工厂，在工厂内部，可把高噪声车间与中等噪声车间、办公室、宿舍等分开布置，在车间内部，可把噪声大的机器与噪声小的机器分开布置。这样利用噪声在传播中的自然衰减作用，能够缩小噪声的污染面；利用自然地形地物降低噪声，在噪声源与需要安静的区域之间，如果有山丘、土坡、深堑、建筑物等地形地物时，也可以起到噪声衰减的作用；种植一定密度和宽度的树丛和草坪也能产生噪声衰减，即使绿化带不是很宽，减噪效果不明显，但绿色能使人产生心理上的调节作用，给人以安宁的感觉；对于指向性强的噪声源，如果在传播方向上布置得当，也会有显著的降噪效果。

依靠上述办法仍不能有效控制噪声时，就需要在噪声传播途径上采取声学技术措施，如消声、隔声、吸声、阻尼减振等增加噪声在传播途径中的声能量损失。这是噪声控制工程中的重要内容。这些内容将在后面各章中详细介绍。

第三节　对接收者的防护

在声源和传播途径上无法采取措施，或采取声学技术措施后仍达不到预期的效果时，就需要在接受点进行防护，即个体防护，这是一种经济而有效的方法。常用的防噪声用品有耳塞、防声棉、耳罩、头盔等，以使人耳感受的噪声级降低到允许水平。

此外，在噪声较高的车间内设置隔声控制室，让工人在控制室内进行仪表控制和操作，也是一种对工人进行防护的措施。

第四节　噪声控制标准

一、工业企业设计卫生标准

《工业企业设计卫生标准》（GBZ 1—2010）中对噪声与振动的限值要求如下：

非噪声作业地点噪声声级的设计要求见表3—1。

表3—1　　　　　　　　非噪声工作地点噪声声级的设计要求

地点名称	噪声声级 dB（A）	工效限值 dB（A）
噪声车间观察（值班）室	≤75	≤55
非噪声车间办公室、会议室	≤60	
主控室、精密加工室	≤70	

全身振动强度卫生限值不应超过表3—2规定的设计要求。

表3—2　　　　　　　　全身振动强度卫生限值

工作日接触时间/h	卫生限值（m/s^2）
4＜t≤8	0.62
2.5＜t≤4	1.10
1.0＜t≤2.5	1.40
0.5＜t≤1.0	2.40
t≤0.5	3.60

受振动（1～80 Hz）影响的辅助用室（如办公室、会议室、计算机房、电话室、精密仪器室等），其垂直或水平振动强度不应超过表3—3规定的设计要求。

表 3—3　　　　　　　　　辅助用室垂直或水平振动强度卫生限值

接触时间/h	卫生限值（m/s²）	工效限值（m/s²）
4＜t≤8	0.31	0.098
2.5＜t≤4	0.53	0.17
1.0＜t≤2.5	0.71	0.23
0.5＜t≤1.0	1.12	0.37
t≤0.5	1.8	0.57

二、工作场所有害因素职业接触限值

《工作场所有害因素职业接触限值　第2部分：物理因素》(GBZ 2.2—2007) 中对噪声职业接触限值和手传振动职业接触限值的要求如下：

每周工作5 d，每天工作8 h，稳态噪声限值为85 dB (A)，非稳态噪声等效声级的限值为85 dB (A)；每周工作日不是5 d，需计算40 h等效声级，限值为85 dB (A)，见表3—4。

表 3—4　　　　　　　　　工作场所噪声职业接触限值

接触时间	接触限值/dB (A)	备注
5 d/w，=8 h/d	85	非稳态噪声计算8 h等效声级
5 d/w，≠8 h/d	85	计算8 h等效声级
≠5 d/w	85	计算40 h等效声级

在脉冲噪声工作场所，噪声声压级峰值和脉冲次数不应超过表3—5规定的设计要求。

表 3—5　　　　　　　　　工作场所脉冲噪声职业接触限值

工作日接触脉冲次数 n/次	声压级峰值/dB (A)
$n≤100$	140
$100＜n≤1\ 000$	130
$1\ 000＜n≤10\ 000$	120

工作场所手传振动职业接触限值见表3—6。

表 3—6　　　　　　　　　工作场所手传振动职业接触限值

接触时间	等能量频率计权振动加速度（m/s²）
4 h	5

三、工业企业厂界环境噪声排放标准

《工业企业厂界环境噪声排放标准》（GB 12348—2008）中对厂界噪声排放限值的要求见表 3—7。

表 3—7　　　　　　　　　　工业企业厂界环境噪声排放限值　　　　　　　　　　dB（A）

厂界外声环境功能区类别	时段	
	昼间	夜间
0	50	40
1	55	45
2	60	50
3	65	55
4	70	55

注：0 类声功能区：指康复疗养区等特别需要安静的区域；1 类声功能区：指以居民住宅、医疗卫生、文化教育、科研设计、行政办公为主要功能，需要保持安静的区域；2 类声功能区：指以商业金融、集市贸易为主要功能，或者居住、商业、工业混杂，需要维护住宅安静的区域；3 类声功能区：指以工业生产、仓储物流为主要功能，需要防治工业噪声对周围环境产生严重影响的区域；4 类声功能区：指交通干线两侧一定距离之内，需要防止交通噪声对周围环境产生严重影响的区域。

四、工业企业噪声控制设计规范

《工业企业噪声控制设计规范》正在修订，建议参考修订后的有关条文。

第五节　噪声控制工作程序

在实际工程中，噪声控制大体可分为两类情况：一类是工程尚未建成，在设计阶段就要考虑可能出现的噪声；并根据工程的需要和可能，统筹兼顾，采取一些必要的治理措施。另一类是工程已经建成，由于设计或施工中考虑不周，在生产中出现噪声危害。只能采取一些补救措施来控制噪声。显然两类情况比较，前一类情况工作主动，回旋余地大，往往容易确定较为合理的噪声控制方案，收到较好的实际效果。后一类情况工作比较被动，往往需要较大的投入进行补救。在工程建成后，一般建议采用如图 3—1 所示的程序进行噪声控制。

一、调查噪声现场

噪声现场调查的重点是了解现场的主要噪声源及其产生的原因，同时弄清噪声传播的途

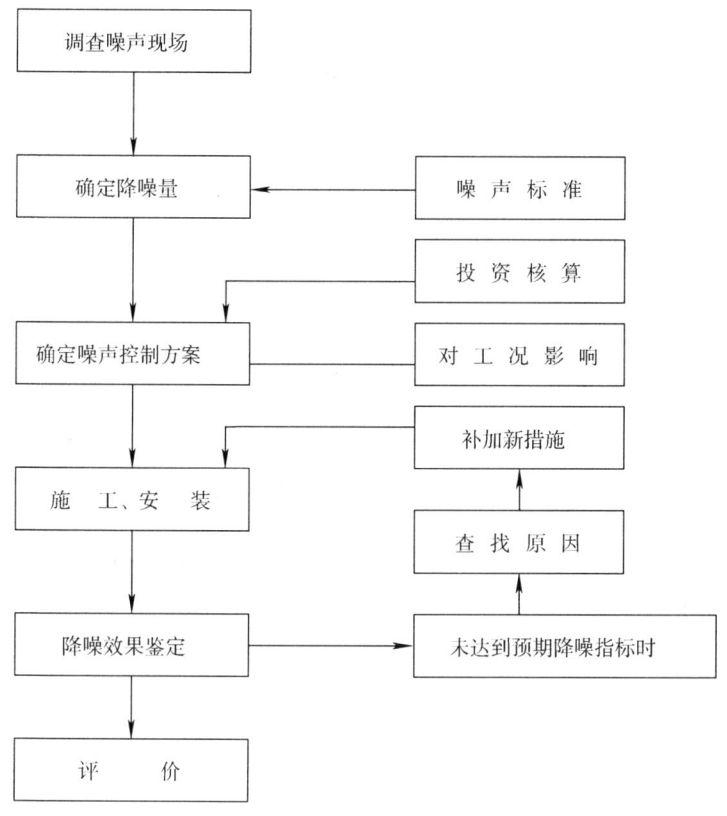

图 3—1 噪声控制工作程序

径，以供在研究确定噪声控制措施时，结合现场具体情况进行考虑，或者加以利用。根据需要结合噪声预测软件绘制出噪声分布图。

二、确定降噪量

把调查噪声现场的资料数据与各种噪声标准（包括国家标准、部颁标准及地方或企业标准）进行比较，确定所需降低噪声的数值（包括噪声级和各频带声压级所需降低的分贝数）。

三、确定噪声控制方案

在确定噪声控制方案时，应对生产设备运行情况进行认真了解和研究，确保采取的降噪措施不影响工人对设备的正常操作、不影响设备的效率及其正常的检修和维护，采取降噪措施时，必须充分考虑供水、供电问题，特别应考虑通风、散热、采光、防尘、防腐蚀等因素。降噪措施确定后，要对降噪效果进行估算，必要时进行实验，取得经验后再大面积进行治理，力求稳妥，避免盲目性。

四、降噪效果的鉴定与评价

某种噪声控制措施实施后，应及时对其降噪效果进行鉴定。如果未达到预期效果，则应查找原因，根据实际情况再补加一些新的控制措施，直至达到预期的效果为止。最后对全部噪声控制工作做出总结评价，其内容包括降噪效果、投资多少及对正常工作的影响如何等。噪声控制是一项综合性工作，应从多方面权衡选定最佳方案，如果投资很高，或影响工人操作及设备工作效率，即使减噪效果明显，也不能认为是成功的。

对尚未建成的工程，应先参考同类型设备或同类工程的噪声资料，进行噪声控制设计。设计前，可先做一些局部的噪声测量。设计时，要统筹兼顾，全面安排，切实避免工程建成再考虑噪声控制工作的被动局面。

参 考 文 献

[1] 方丹群，王文奇，孙家麒．噪声控制．北京：北京出版社，1986
[2] 张沛商，姜亢．噪声控制工程．北京：北京经济学院出版社，1991
[3] 工业企业设计卫生标准（GBZ 1—2010）
[4] 工作场所有害因素职业接触限值 第 2 部分：物理因素（GBZ 2.2—2007）
[5] 工业企业厂界环境噪声排放标准（GB 12348—2008）
[6] 工业企业噪声控制设计规范（GBJ 87—85）

第四章 吸声降噪

第一节 吸声原理及表征材料吸声的量

一、吸声原理

声波通过介质或入射到介质分界面上时声能的减少过程，称为吸声或声吸收。当介质为空气，声波在空气中传播时，由于空气质点振动所产生的摩擦作用，声能转化为热能的损耗所引起的声波随传播距离增加而逐渐衰减的现象，称为空气吸收。当介质分界面为材料表面时，部分声能被吸收，可称为材料吸声，材料的吸声是由于黏滞性、热传导性和分子吸收而转变为热能。首先是黏滞性和内摩擦的作用，由于声波传播时，质点振动速度各处不同，存在着速度梯度，使相邻质点间产生相互作用的黏滞力或内摩擦力，对质点运动起阻碍作用，从而使声能不断转化为热能。其次是热传导效应，由于声波传播时介质质点疏密程度各处不同，因此介质温度也各处不同，存在温度梯度，从而相邻质点间产生了热量传递，使声能不断转化为热能。

按吸声机理的不同，吸声体可分为多孔性吸声材料和共振吸声结构。其中多孔性材料在工程中应用最广泛。多孔材料包括纤维类、泡沫类和颗粒类。以纤维类材料为例，最常见的有离心玻璃棉、矿渣棉、化纤棉、木丝板等；泡沫类材料以泡沫塑料、海面乳胶、泡沫橡胶等居多；颗粒类材料则以膨胀珍珠岩、多孔陶土砖、蛭石混凝土等居多。

共振吸声结构可以分为薄板共振吸声结构，薄板穿孔共振吸声结构等。

从材料和共振结构的吸声性能来讲，多孔材料以吸收中高频噪声声能为主，共振吸声结构对低频有吸声峰值。

利用吸声材料吸收声能，降低室内噪声，是噪声控制工程中的措施之一。人们在室内所接收到的噪声，包括声源直接通过空气传来的直达声以及室内各壁面反射回来的混响声。在车间里听到的机器噪声，远比安装在室外的机器噪声高，主要是由于车间内存在混响声。许多工程实践证明，一般车间采取吸声降噪措施，可取得 5~8 dB 的降噪量，如果车间原来吸声性能很差，吸声材料布置合理，甚至可降低噪声 8~12 dB。

二、表征材料吸声性能的量

吸声系数可衡量材料吸声性能的大小，以 α 表示，定义为被吸收的声能（E_2+E_3）和入射声能（E_0）之比，即

$$\alpha=\frac{E_2+E_3}{E_0}=1-\frac{E_1}{E_0} \qquad (4-1)$$

当 $E_1=E_0$ 时，$\alpha=0$ 表示材料是全反射的；当 $E_1=0$ 时，$\alpha=1$，表示材料是全吸收的，因此，吸声系数的变化范围在 0～1 之间，吸声系数越大，材料的吸声效果越好，如图 4—1 所示。

吸声系数的大小与声波入射角度有关，因此在吸声系数的测量中有垂直入射吸声系数、无规律入射吸声系数或斜入射吸声系数的区别。另外，所有材料的吸声系数在不同的频率是不同的，为了完整表征材料的吸声性能，常常给出不同频率的吸声系数。对材料的吸声性能，较为简单的单值评价处理方法是采用各频率吸声系数的平均值，如平均吸声系数、降噪系数等，但单值评价处理方法不能对不同材料的吸声频率特性进行比较。

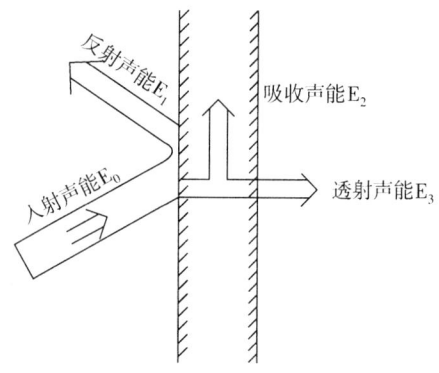

图 4—1　材料吸声示意图

1. 无规律入射吸声系数

当声波从各个方向以相同的概率无规律入射时测定的吸声系数为无规律入射吸声系数，通常在混响室内进行测量，其测量条件较接近于材料的实际使用条件，故常作为工程设计的依据。

2. 垂直入射吸声系数

当声波是以材料表面法线方向垂直入射时，测定的吸声系数为垂直入射吸声系数，通常在驻波管中进行测量，用于材料吸声性能的研究分析、比较和产品的质量控制。其数值通常低于无规律入射吸声系数。

3. 平均吸声系数

材料平均吸声系数是不同频率吸声系数的算术平均值。

4. 降噪系数

降噪系数是 250 Hz、500 Hz、1 000 Hz、2 000 Hz 测出的吸声系数的算术平均值。

第二节　多孔吸声材料

一、多孔吸声材料的分类和性能

1. 多孔吸声材料的分类

从构造特征上来说，多孔吸声材料从外到内应具有大量互相贯通的微孔，也即具有适当的透气性，具体要求如下：

（1）材料内部应有大量的微孔和间隙，不仅材料中空气体积与材料总体积之比（即孔隙率）要高，而且这些孔隙应尽可能细小，并在材料内部均匀分布，这样材料内部筋络总表面积大，有利于声能吸收。

（2）材料内部的微孔应该是互相贯通的，而不应是密闭的，单独的气泡和密闭间隙不起吸声作用。

（3）微孔向外敞开，使声波易于进入微孔内，不具有敞开微孔仅有凹凸表面的材料不会有好的吸声性能。

凡符合多孔材料构造特征的，都可以作为多孔吸声材料加以利用，根据工程上实际应用情况，多孔吸声材料的基本类型见表4—1。

表4—1　　　　　　　　　　　多孔吸声材料的基本类型

主要种类		常用材料实例	使用情况
纤维材料	有机纤维材料	动物纤维：毛毡等	价格昂贵，使用较少
		植物纤维：麻绒、海草、椰子丝等	防火、防潮性能差，原料来源丰富，价格便宜
	无机纤维材料	玻璃纤维：中粗棉、超细棉、玻璃棉毡等	吸声性能好，保温隔热，不自燃，防腐防潮，但松散纤维易污染环境，需做好护面层或加工成制品
		矿渣棉：散棉、矿棉毡等	吸声性能好，不燃、耐腐蚀，但性脆易折断成碎末，污染环境，施工扎手
	纤维材料制品	软质木纤维板、矿棉吸声板、岩棉吸声板、玻璃棉吸声板、木丝板、甘蔗板等	装配式施工，多用于室内吸声装饰工程
泡沫材料	泡沫塑料	聚氨酯泡沫塑料、尿醛泡沫塑料等	吸声性能不稳定，吸声系数使用前需实测
	其他	吸声型泡沫玻璃等	强度高、防水、不燃、耐腐蚀
		加气混凝土等	微孔不贯通，使用较少
颗粒材料	砌块	矿渣吸声砖、膨胀珍珠岩吸声砖、陶土吸声砖等	多用于砌筑截面较大的消声器
	板材	珍珠岩吸声装饰板等	质轻、不燃、保温、隔热、强度偏低

2. 多孔吸声材料的吸声性能

多孔材料的吸声作用主要体现在两个方面：一是当声波入射到多孔材料表面时激发起微孔内的空气振动，空气与固体筋络间产生相对运动，由于空气的黏滞性，在微孔内产生相应的黏滞阻力，使振动空气的动能不断转化为热能，从而使声能衰减。二是在空气绝热压缩时，空气与孔壁间不断发生热交换，由于热传导的作用，也会使声能转化为热能。

多孔吸声材料的吸声特性曲线总的变化趋势是吸声系数随频率的增加而增大，曲线由低频向高频逐步升高，在高频段出现不同程度的起伏，随着频率的升高，起伏逐步缩小，趋向一个缓慢变化的数值。

纤维类多孔吸声材料在工程中应用最为广泛，其具有如下吸声特性：

（1）随频率增加，吸声系数增大，呈现多孔材料的吸声特性。

（2）在低、中频范围内，厚度有最大的影响，厚度增加，吸声系数随之增加。当增加背后空气层厚度时，低频吸声系数随之增加。

（3）增加材料的体积密度在中、低频吸声系数有增大趋势，但由于纤维粗细的影响，体积密度并不和吸声系数相对应。

（4）饰面材料往往降低高频吸声系数。

（5）纤维粗细对材料吸声系数有一定的影响。在体积密度相同时，材料吸声系数随纤维直径的增大而迅速降低，纤维直径越小，平均吸声系数越大。

泡沫类多孔吸声材料，由于内部微孔贯通程度不一，吸声系数偏低，使用较少。

颗粒类多孔吸声材料，其耐潮、防火、耐腐蚀、强度较高，适用于具有高速气流的强噪声排气消声结构，工程上常用粒料加黏结剂和部分填料制成吸声砌块或吸声板材使用，工程实际应用中其吸声性能优于泡沫类材料，但不如纤维类材料。

二、影响多孔吸声材料吸声性能的因素

从材料的结构参数看，影响多孔材料吸声性能的因素主要是流阻、孔隙率和结构因数，它提供了理论分析的依据，但从工程实用角度，主要涉及材料厚度、材料容重、空气层、护面层等因素。

1. 材料的厚度

多孔吸声材料的低频吸声系数一般较低，当材料厚度增加时，低频吸声系数增加很快，而对高频吸声系数的影响很小。对同种材料而言，材料厚度加倍，吸声系数最大的频率向低频方向移动一个倍频程。若吸声材料层背后为刚性壁面，则最佳吸声频率声波波长的1/4等于材料厚度。

图4—2所示为某地生产的容重为 $20\ kg/m^3$ 的不同厚度超细玻璃棉的典型吸声特性曲线。从图4—2可以看出，厚度增大低频吸声系数增加很快。

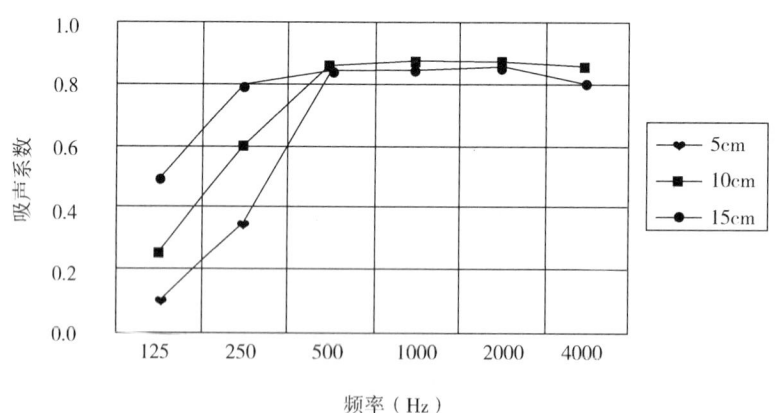

图4—2 不同厚度超细玻璃棉的吸声特性

2. 材料的容重

在材料厚度一定的情况下，当容重增加时，较大吸声系数值将向低频方向移动。在实用范围内，材料的容重比材料的厚度所引起的吸声系数变化要小。同时，容重过大，吸声系数

降低。因此各种吸声材料有其最佳容重，如目前工程使用较多的离心玻璃棉以 24～48 kg/m³ 为佳。

图 4—3 所示为某地生产的 5 cm 厚度，容重不同的超细玻璃棉的典型吸声特性曲线。从图 4—3 可以看出，容重增大，低频吸声系数增加较快。

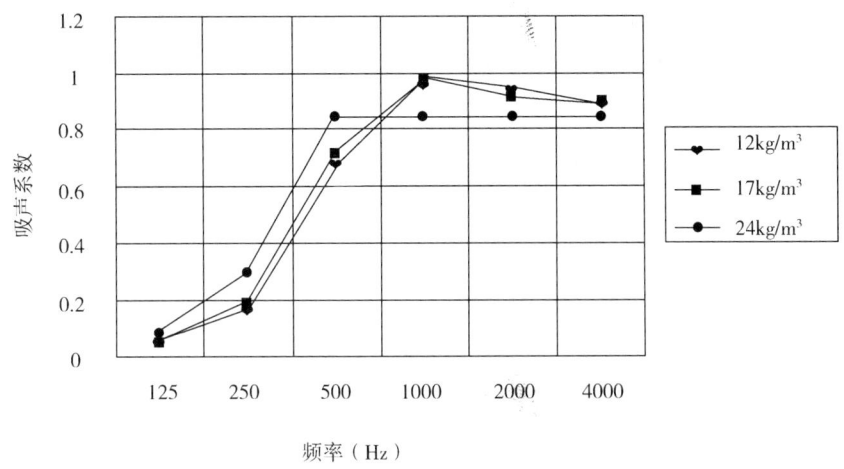

图 4—3　不同容重超细玻璃棉的吸声特性

3. 空气层

为了改善吸声材料的低频吸声性能，可在材料层与刚性壁面之间留有一定厚度的空腔，这相当于增加材料层的有效厚度，而且还比单纯增加材料厚度或容重更为经济。

当空气层厚度接近 1/4 入射声波波长的奇数倍时，对该声波的吸声系数最大；当空气层厚度接近 1/2 入射声波波长的整数倍时，吸声系数最小。

实用时，后面空气层过厚不切实际，太薄对低频作用不大，因此，在墙上的空气层以 5～10 cm 较为适当。对于平顶，则视实际需要以及空间尺寸选取更大的距离。

4. 护面层

多孔材料一般很疏松，直接用于室内既无法固定，又不美观，因而需要在其表面覆盖护面层，常用构造如下：

（1）护面穿孔板。以金属薄板、硬质纤维板、胶合板、塑料薄片等最多，但在板面上必须钻圆孔，开槽缝或做其他花纹。面板的穿孔率（穿孔总面积与未穿孔总面积之比）在不影响板材结构机械强度条件下尽可能选大些，一般宜不小于 20%。只有在特殊情况下，才可取较小的穿孔率。穿孔率越大，对中、高频的吸声性能越好；穿孔率越小，则对中、高频吸声性能较差，而对低频则吸声性能较好。若穿孔板的穿孔率小于 20%，由于高频声波的绕射作用较弱，因此高频吸声效果会受到影响。对于圆孔而言，以孔径取 3～6 mm 居多。

（2）织物和网纱。为了防止多孔材料从小孔中钻出，通常可用玻璃纤维布、纱布、塑料网纱、金属丝网、拉网钢板等将多孔材料表面予以覆盖，这些护面材料因穿孔率高，几乎不影响多孔材料的吸声性能。有时还可将织物预制成袋状，在袋内填入多孔材料，施工时十分方便。装饰要求不高的环境，为了节省投资，也可省略穿孔护面层。

第三节 吸声结构

多孔吸声材料对低频声吸声性能较差，而采用吸声结构，能够获得较好的低频吸声效果，以弥补多孔吸声材料在低频吸声性能的不足。常用的吸声结构有穿孔板共振吸声结构、微穿孔板吸声结构、薄板共振吸声结构以及空间吸声体等。由于吸声结构的装饰性强，并有足够的强度，声学性能易于控制，故在建筑物中得到广泛的应用。

一、穿孔板共振吸声结构

1. 亥姆霍兹共振器

对低频噪声常采用穿孔板共振吸声结构吸声。图 4—4 所示的单个共振器结构，在容积为 V 的空腔侧壁开有直径为 d 的小孔，板厚为 t。这种共振器叫做亥姆霍兹（Helmholtz）共振器。

亥姆霍兹共振器可看成由几个声学作用不同的声学元件所组成，开口管内及管口附近空气随声波而振动，是一个声质量元件。空腔内的压力随空气的胀缩而变化，是一个声顺元件。而空腔内的空气在一定程度内随声波而振动，也具有一定的声质量。空气在开口壁面振动摩擦，由于黏滞阻尼和热传导的作用，会使声能损耗，它的声学作用是一个声阻。当入射声波的频率接近共振器

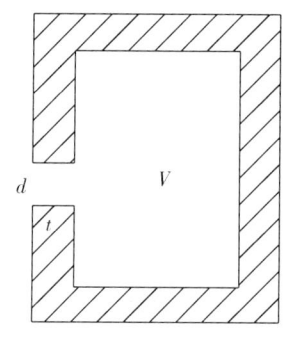

图 4—4　单个共振器结构

的固有频率时，孔颈的空气柱产生强烈振动，在振动过程中，由于克服摩擦阻力而消耗声能。反之，当入射声波频率远离共振器固有频率时，共振器振动很弱，因此声吸收作用很小，可见共振器吸声系数随频率而变化，最高吸声系数出现在共振频率处。

应当说明，亥姆霍兹共振器的使用条件必须是外来声波的波长大于空腔的尺寸，而且腔壁上小孔的尺寸也比空腔的尺寸小得多。这样的条件只有低频噪声才有，因此，亥姆霍兹共振器只适用于防治低频噪声。

共振频率（f_r）与各参数的关系，如下式：

$$f_r = \frac{c}{2\pi}\sqrt{\frac{S}{L_K V}} \tag{4—2}$$

式中，L_K 为孔颈的有效长度（厘米），它与实际长度 t 有如下关系：

$$L_K = t + \frac{\pi}{4}d \tag{4—3}$$

式中，d 为孔颈的直径；V 为空腔的体积；S 为孔颈的横截面积（$S = \pi d^2/4$）；c 为声速。

2. 穿孔板吸声结构

亥姆霍兹共振器的频率选择性很强，所以吸声频带很窄，也就是它只能吸收频率非常单调的声音。在工程实践中，往往用组合共振器。组合共振器是一块打许多孔的板，叫做穿孔板吸声结构。穿孔板吸声结构实际是由许多单个共振器并联而成的，当共振器的孔数为 n

时，其共振频率为：

$$f_r = \frac{c}{2\pi}\sqrt{\frac{nS}{L_K V}} \tag{4—4}$$

或

$$f_r = \frac{c}{2\pi}\sqrt{\frac{p}{L_K D}} \tag{4—5}$$

式中，D 为穿孔板后空气层的厚度（cm）；L_K 为孔颈有效长度（cm）；p 为穿孔率，即穿孔面积在总面积中占的百分比。

L_K 的计算公式为：

当孔径 d 大于板厚 t 时，$\quad L_K = t + 0.8d \tag{4—6}$

当空腔内壁贴多孔材料时，$\quad L_K = t + 1.2d \tag{4—7}$

由孔径 d 及孔心距 B 求 p 的公式如下：

圆孔为正方形排列时，$p = \dfrac{4 \text{个} 1/4 \text{孔面积}}{\text{正方形面积}} = \dfrac{\pi}{4}\left(\dfrac{d}{B}\right)^2 \tag{4—8}$

圆孔为三角形排列时，$p = \dfrac{\text{三角扇形面积}}{\text{三角形面积}} = \dfrac{\pi}{2\sqrt{3}}\left(\dfrac{d}{B}\right)^2 \tag{4—9}$

在实际工程设计中，除确定其共振频率外，还需求出吸声系数和带宽。

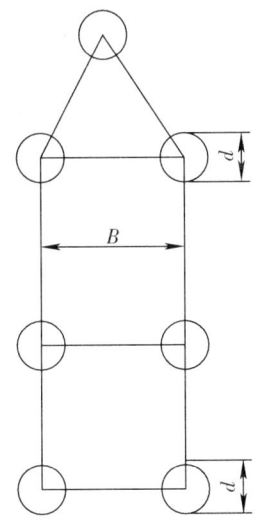

图 4—5 三角形和正方形排列穿孔

共振时的吸声系数为：

$$\alpha = \frac{4r_A}{(1+r_A)^2} \tag{4—10}$$

式中，r_A 为相对声阻，它由流阻 r、穿孔板有效长度 L_K、穿孔率 p 决定，用数学形式表示为：

$$r_A = \frac{r}{\rho_0 c}\frac{L_K}{p} \tag{4—11}$$

单个共振器吸声系数高于 0.5 的频带宽度 Δf 为：

$$\Delta f = 8\pi^2 \frac{V}{\lambda_r^3} f_r \qquad (4-12)$$

组合共振器，吸声系数高于 0.5 的频带宽度为：

$$\Delta f = 4\pi \frac{f_r}{\lambda_r} D \qquad (4-13)$$

改变不同参数用驻波管法测定 α 和 Δf 值，有如以下结论：

1. 固定孔径、腔深，改变穿孔率，实测共振频率同计算的理论共振频率有差异。在穿孔率低时，实测值比理论的共振频率偏高，反之则偏低。

2. 固定穿孔率、腔深，改变孔径，当孔径由 $\phi 2$ mm 至 $\phi 10$ mm 范围内改变，对吸声系数及带宽的影响都不大。

3. 固定穿孔率、孔径，改变腔深，随着腔深的增加，共振频率向低频移动。

一般地说，穿孔率在 10% 以内，既有共振作用，又有阻尼作用。但当穿孔率在 20% 以上时，几乎没有共振作用。这时，穿孔板已不再是共振吸声结构，而仅仅成为护面板了。

二、微穿孔板共振吸声结构

普通穿孔板在使用中最大问题是声阻过小，背后不填多孔材料时吸声频带较窄，为了加宽吸声频带，用板厚、孔径均在 1 mm 以下、穿孔率为 1%～5% 的薄金属板与背后空气层组成共振吸声结构，比普通穿孔板的声阻大得多，而声质量要小得多，声阻与声质量之比大为提高，不用另加多孔材料就可以成为良好的吸声结构，这种穿孔板称为微穿孔板。微穿孔板吸声结构的优点是构造简单、易于清洗、耐高温，所以它适合于高速气流、高温或潮湿等特殊环境。

为达到吸收不同声波频率的要求，常常作成双层或多层的组合结构。马大猷院士在深入的理论分析研究基础上，提出了微穿孔板理论和计算方法。

微穿孔板的相对声阻抗率（以空气特性阻抗为 $\rho_0 c$ 单位）的计算公式为：

$$Z = r + j\omega m - j ctg \frac{\omega D}{c} \qquad (4-14)$$

式中　c——声速（m/s）；

　　　D——空气层深度（mm）；

　　　ω——角频率，$\omega = 2\pi f$（f 为频率）；

r——相对声阻率，$r = atK_r/d^2 P$，d 为孔径，P 为穿孔率，K_r 为声阻系数；

m——相对声质量，$m = 0.294 \times 10^{-3} t K_m / P$，$K_m$ 为声质量系数，t 为板厚。

$$K_r = \sqrt{1 + \frac{x^2}{3}} + \frac{\sqrt{2}}{8} x \frac{d}{t} \qquad (4-15)$$

$$K_m = 1 + \frac{1}{\sqrt{9 + \frac{x^2}{2}}} + 0.85 \frac{d}{t} \qquad (4-16)$$

式中，$x=\sqrt{\dfrac{fd^2}{10}}$。

声吸收的频带宽度，近似地有 r/m 决定，比值越大，吸声频带越宽。

$$\frac{r}{m}=\frac{L}{d^2}\frac{K_r}{K_m} \qquad (4-17)$$

或

$$\frac{r}{m}=50f\frac{K_r/K_m}{X^2} \qquad (4-18)$$

式中 L——常数，金属板 $L=1\,400$，隔热板 $L=500$。

K_r/K_m 的近似公式为：

$$K_r/K_m=0.5+0.1x+0.05x^2$$

利用以上公式，可以从要求的 r、m、f 求出微穿孔板的 x、d、t、r。

微穿孔板吸声结构的共振频率：

$$f_r=\frac{c}{2\pi}\sqrt{\frac{P}{L_K D}} \qquad (4-19)$$

$$L_K=t+0.8+\frac{PD}{3} \qquad (4-20)$$

式中 $PD/3$——末端修正；

D——腔深。

采用双层吸声结构，可以得到更宽的吸声频带，此时有两个共振吸收峰，其共振频率为：

$$f_{r_1}=\frac{c}{4\pi}\sqrt{\frac{P_2}{D_1 l_2}}\left[\sqrt{\left(\frac{P_1}{P_2}+\sqrt{\frac{D_1}{D_2}}\right)^2-1}+\sqrt{\left(\frac{P_1}{P_2}-\sqrt{\frac{D_1}{D_2}}\right)^2+1}\right] \qquad (4-21)$$

$$f_{r_2}=\frac{c}{4\pi}\sqrt{\frac{P_2}{D_1 l_2}}\left[\sqrt{\left(\frac{P_1}{P_2}+\sqrt{\frac{D_1}{D_2}}\right)^2-1}-\sqrt{\left(\frac{P_1}{P_2}-\sqrt{\frac{D_1}{D_2}}\right)^2+1}\right] \qquad (4-22)$$

式中 D_1——前腔腔深；

P_1——前腔穿孔率；

l_2——后腔板厚；

D_2——后腔腔深；

P_2——后腔穿孔率。

反共振频率 $f_\text{反}$ 为：

$$f_\text{反}=\frac{c}{2\pi}\sqrt{\frac{P_2}{L_2}\left(\frac{1}{D_1}+\frac{1}{D_2}\right)} \qquad (4-23)$$

微穿孔板吸声系数为：

$$\alpha=\frac{4r}{(1+r)^2+2\ (2\pi gy-ctg2\pi y)^2} \qquad (4-24)$$

式中，$y=fD/c$；

$g=mc/D$。

当产生共振时，有：

$$2\pi f_r m - ctg\frac{2\pi f_r D}{c} = 0$$

共振频率 f_r 时的最大吸声系数为:

$$\alpha_0 = \frac{4r}{(1+r)^2} \qquad (4-25)$$

$\alpha_r/2$ 的频带宽度 $\Delta f = f_2 - f_1$，由下式确定：

$$2\pi f_1 m - ctg\frac{2\pi f_1 D}{c} = (1+r) \qquad (4-26)$$

$$2\pi f_2 m - ctg\frac{2\pi f_2 D}{c} = (1+r) \qquad (4-27)$$

按需要确定 α_r 及 f_2、f_1，可以算出 r、m、D 值，再定出微穿孔的结构参数。

以上表明，微穿孔板孔径小，所以 r 值比普通穿孔板大得多，而声质量也小，故微穿孔板适于宽频带吸收。当微穿孔板板厚 0.2～1 mm，孔径 0.2～1 mm，穿孔率适中，试验表明其吸声效果很好。当板厚大于 1 mm，孔径大于 1 mm，穿孔率过大或过小，吸声系数明显下降。

一般来说，0.5 mm 以上的微孔，传统的机械加工的方法可以满足需要；更小的孔径或更高精确度的要求，需使用其他方法，传统方法是利用激光打孔，但激光打孔成本较高，不适合大面积的制作应用；另一种方法是近年来提出的化学切削法，采用化学切削的方法加工微穿孔板，最小孔径可达 0.1 mm，而且方法简单，成本低；由于孔径达到 0.1～0.2 mm，这种方法得到的微穿孔板又称为超微孔板。

以上讨论的微孔都是圆柱状的，事实上，微孔可以制作成其他不同的形状，其性能与圆柱状微孔差异不大。也可以利用一定的加工方法，将微孔孔径制作成渐变式的或不同孔径大小微孔的组合（见图 4—6）；也可以在板上开以不同孔径大小的微孔，形成变孔径的微穿孔板，一些实验表明，适当的孔径分布有助于提高结构体的吸声能力，拓展频带宽度，如图 4—7 所示。

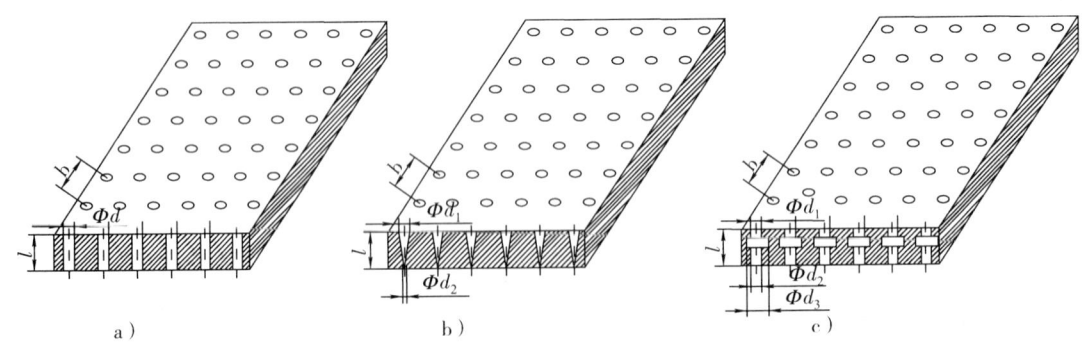

图 4—6 不同孔径的微孔组合
a) 均匀孔径内部结构 b) 渐变孔径内部结构 c) 突变孔径内部结构

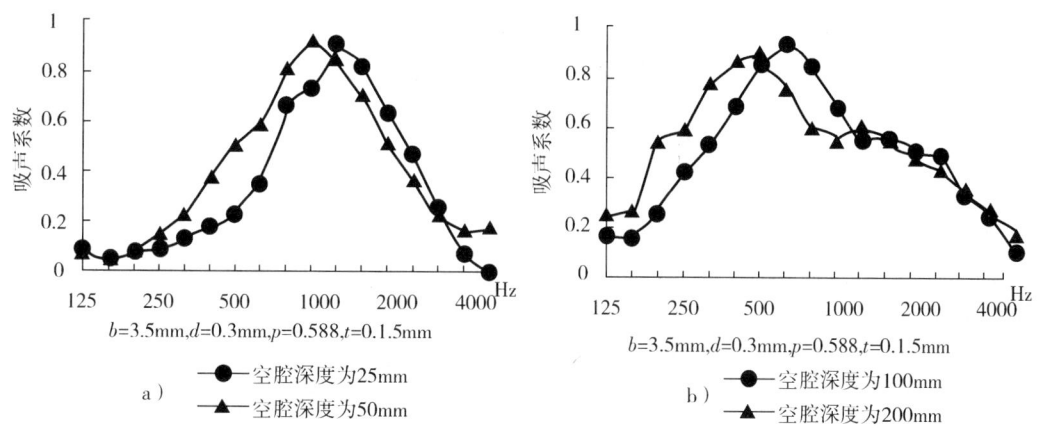

图 4—7 两组变孔径微穿孔板的实验吸声曲线

三、薄板共振吸声结构

在周边固定于框架上的薄板（如胶合板、薄木板、草纸板、硬质纤维板、石膏板、石棉水泥板或金属薄板等）后面，设置适当厚度的封闭空气层，就构成薄板共振吸声结构，它是一个由薄板和板后空气层组成的振动系统，当声波入射到薄板结构时，薄板在声波高变压力激发下而振动，使薄板发生弯曲变形（其边缘被嵌固），出现了薄板内部摩擦损耗，当入射声波的频率接近于振动系统的固有频率时发生共振，此时声吸收显著。薄板共振结构的共振频率约在 80～300 Hz 的低频范围内。

如果薄板本身的劲度远远大于板后空气层的劲度，则薄板共振结构的声阻抗率和共振频率可用下式计算：

$$E = R + j\left(\omega m - \frac{\rho c^2}{\omega D}\right) \tag{4—28}$$

$$f_r = \frac{C}{2\pi}\sqrt{\frac{\rho}{mD}} = \frac{60}{\sqrt{mD}} \tag{4—29}$$

式中，m 为薄板的面密度（kg/m³）；D 为空气层的厚度（m）。

由式（4—28）和式（4—29）可知，增加薄板的面密度 m 或空气层厚度 D，皆可使共振频率下移。

在具体设计薄板共振吸声结构时，可以选定不同的 m 和 D 值，通过计算求得 f_r 的值，以满足设计要求。

薄板结构的共振吸声系数一般为 0.2～0.5。在空气层中加填多孔吸声材料，在薄板的边缘（即板与龙骨交接处）安置海绵、软橡皮、毛毡等软材料，都能提高吸声系数。

四、空间吸声体以及其他吸声结构

在室内进行吸声处理时，常常用吸声材料做护面板，即把整片的吸声材料安装在天花板或墙面上。这样，声波只能与吸声材料的外表面接触，如果把这些吸声材料制成各种各样的几何形状，如球体、立方体、圆柱体、圆锥体、棱形柱体、平板体等，一块一块地单独吊在天花板上，或悬挂在墙上，则声波不仅会被向着声源一面的吸声材料所吸收，而且由于绕射作用，有一部分声波将通过吸声结构之间的空隙绕射或反射到结构背面被吸收，从而扩大吸声的有效面积。这种吸声结构叫做"空间吸声体"。

薄板共振、穿孔板、微穿孔板三种吸声结构的吸声系数，一般都小于1。而悬挂的空间吸声体，用混响室法测量，平均空间吸声体在 500 Hz 以上的吸声系数可超过1，有的甚至达到1.4。

实验证明，空间吸声体的悬挂数量有一个最佳值，以最常用的平板空间吸声体为例，其悬挂面积最好取房间平顶面积的 35%～40%。或者取房间内表面积的 20% 为宜。吸声体面积过小，吸声效果差；吸声体面积过大，则吸声效果不显著，也不经济。

此外，还有一些其他的吸声结构可以采用，如吸声尖劈、吸声幕帘结构等。

第四节　室内声场

一、扩散声场中的声压级和混响半径

假设在一封闭空间中有一声源发出声波，这一声波向四周传播开去，在室内任何一点位置上，除了接收到声源直接发射到的直达声外，还接收到经各壁面多次反射来的声音。由于声波经各壁面或室内物体的多次反射不断地改变传播方向，使室内声的传播处于无规律状态，室内声能密度处处相同，因而形成了"扩散"声场。

在室内，声波经相邻两次反射距离的平均值定义为平均自由程 d，理论和实验均证实不论空间的形状如何，均为：

$$d = \frac{4V}{S} \tag{4-30}$$

式中，V 为房间容积（m³）；S 为房间的总内表面积（m²）。

声音在空气中每秒钟传播的距离为声速 c，因此，声波在每秒时间里的平均反射次数 n 应为 c/d，即

$$n = \frac{cS}{4V} \tag{4-31}$$

声源在封闭空间内稳定地辐射声能时，部分被室内各壁面所吸收，另一部分被反射为混响声能。在初始阶段，室内单位容积内的声能量，即混响声能密度逐渐地增加，被吸收的声能也不断地随之增加，到达稳态时，声源供给混响声场的能量正好补偿被壁面与介质所吸收的声能，此时室内的平均声能密度称为稳态平均混响声能密度，符号记作 $\overline{\epsilon_R}$。

设室内各壁面在某一频率的平均吸声系数为 $\bar{\alpha}$，声源辐射的声功率为 W，在第一次被壁面吸收之前为"直达声"，因此，经第一次壁面吸收后，剩下的即为每秒钟提供的混响声能 $W(1-\bar{\alpha})$。

另外，在室内声场达到稳态时，声波每碰撞壁面一次被吸收的声能为 $\overline{\epsilon_R} V \bar{\alpha}$，因此乘以每秒钟碰撞次数 n，得到 $\overline{\epsilon_R} V \bar{\alpha} \dfrac{cS}{4V}$，即为每秒钟被吸收的声能。

根据室内声能达到稳定状态时每秒钟由声源提供的混响声能等于被吸收的混响声能,因此,下式成立:

$$\overline{\varepsilon_R} V \overline{\alpha} \frac{cS}{4V} = W(1-\overline{\alpha}) \tag{4—32}$$

于是,

$$\overline{\varepsilon_R} = \frac{4W(1-\overline{\alpha})}{cS\overline{\alpha}} = \frac{4W}{cR} \tag{4—33}$$

$$R = \frac{S\overline{\alpha}}{1-\overline{\alpha}} \tag{4—34}$$

$$\overline{\alpha} = \frac{S_1\alpha_1 + S_2\alpha_2 + \cdots}{S_1 + S_2 + \cdots} = \frac{\sum S_i\alpha_i}{\sum S_i} \tag{4—35}$$

式中,R 为房间常数(m^2);α_i 为 S_i 面积的吸声系数。

一个各向发射均匀的点声源,声强 $I = \frac{W}{4\pi r^2}$,而实际声源在各方向辐射的强度并不一样。在某点上测得声源的声强与对同样声功率无指向性声源在同点位置上的声强度之比,称为该声源的指向性因数 Q,声强与声能密度的关系为:$\overline{\varepsilon} = I/c$,于是具有指向性因数为 Q 的声源,其平均直达声能密度为:

$$\overline{\varepsilon_D} = \frac{WQ}{4\pi r^2 c} \tag{4—36}$$

式中,r 为接收点至声源中心的距离(m)。

室内某点的平均能量密度 $\overline{\varepsilon}$ 应为直达声能和混响声能密度的总和,即:

$$\overline{\varepsilon} = \overline{\varepsilon_D} + \overline{\varepsilon_R} \tag{4—37}$$

由 $\overline{\varepsilon} = \frac{P_e^2}{\rho c^2}$,则室内距声源中心 r 点处的有效声源压的平方为:

$$P_e^2 = W\rho c \left(\frac{Q}{4\pi r^2} + \frac{4}{R} \right) \tag{4—38}$$

由声压级和声功率级的定义,可得到声压级 L_P 和声功率级 L_W 的关系

$$L_P = L_W + 10\lg\left(\frac{Q}{4\pi r^2} + \frac{4}{R} \right) \tag{4—39}$$

上式右边括号内第一项来自直达声,第二项来自混响声,当 r 较小,即接收点离声源很近时,$\frac{Q}{4\pi r^2} \gg \frac{4}{R}$,室内声场以直达声为主,混响声可以忽略;反之,当 $\frac{Q}{4\pi r^2} \ll \frac{4}{R}$,即接收点离声源很远时,则以混响声为主,直达声可以忽略,此时 L_P 与 r 无关。当 $\frac{Q}{4\pi r^2} = \frac{4}{R}$ 时,直达声能和混响声能密度相等,r 称为混响半径,可以用 r_c 表示。

$$r_c = \frac{1}{4}\sqrt{\frac{QR}{\pi}} \tag{4—40}$$

混响半径与房间常数 R 和声源指向性因数 Q 有关,而 R 又取决于房间吸收,当室内吸收和声源指向性因数 Q 越大时,直达声占优势的空间也越大。对于 Q,即使是点源,若安置室内的位置不同,Q 值也将随之变化,当点源位于房间中央时,$Q=1$;位于地面或墙面

中间，$Q=2$；位于两墙面交线中点上，$Q=4$；位于三面交点上，$Q=8$。

二、室内混响时间

当声源在室内发声达到稳态而突然停止时，由于壁面的多次反射，声音不会立即消失，而会持续一段时间，这一持续声音称为"混响声"。

假定室内稳态声场的平均声能量密度为 $\bar{\varepsilon}$，当声源停止发声。由于室内壁面等的吸声，混响声能将逐渐消失。

声音经第一次反射后的平均声能密度降低为 $\bar{\varepsilon_1}=\bar{\varepsilon}(1-\bar{\alpha})$；经第二次反射后为 $\bar{\varepsilon_2}=\bar{\varepsilon}(1-\bar{\alpha})^2$；经第 n 次反射厚为 $\bar{\varepsilon_n}=\bar{\varepsilon}(1-\bar{\alpha})^n$，在 t 秒时间内总反射次数为 $\frac{cS}{4V}t$，此时室内平均声能密度为：

$$\bar{\varepsilon_t}=\bar{\varepsilon}(1-\bar{\alpha})^{\frac{cS}{4V}t} \quad (4-41)$$

可见，$\bar{\varepsilon_t}$ 将随时间增长作指数衰减；室内吸收越多，声能衰减越快，容积越大，衰减越慢。

W.C. 赛宾通过大量实验研究，发现声源停止发声后的衰减率对室内音质有极为重要的意义。当室内声场达到稳态后，立即停止发声，声能密度衰减到原来的百万分之一时，即衰减 60 dB 所需的时间为"混响时间" T_{60}（s），按此定义简化得到

$$T_{60}=\frac{0.16V}{S\bar{\alpha}} \quad (s) \quad (4-42)$$

可定义：

$$A=S\bar{\alpha} \quad (m^2) \quad (4-43)$$

式中，A 是衡量室内壁面吸声能力的量，叫做吸声量。

当室内各处吸声系数不同时，把各处的吸声量相加即为室内的总吸声量：

$$A=\sum_i A_i=\sum_i \alpha_i s_i=\bar{\alpha}\sum_i s_i=\bar{\alpha}S \quad (4-44)$$

混响时间的长短直接影响室内音质，T_{60} 过长会使人们感到听音混浊不清；过短又有沉寂干瘪的感觉。要达到良好的音质，通常通过调整各频率的平均吸声系数 $\bar{\alpha}$，以获得主要频率的"最佳混响时间"。

第五节 吸声降噪设计

吸声降噪是对室内顶棚、墙面等部位进行吸声处理，增加室内的吸声量，以降低室内噪声级的方法。在封闭房间内有一噪声源时，在室内任意点处除听到来自声源的直达声外，还有来自各个边界面多次反射形成的混响声，直达声与混响声的叠加，使室内的噪声级比同一声源在露天场所的噪声级要高，混响声强弱与室内的吸收能力有关。在室内的边界面上设置吸声材料或吸声结构、悬挂空间吸声体等，增加室内吸声量措施，以减弱混响声，从而降低室内噪声级，是噪声控制技术的一个重要内容。

由于吸声降噪只能降低室内的混响声而不能降低直达声，降噪效果还与室内原有的吸声

量、接收者的位置等因素有关,因此,实施吸声降噪措施之前,必须对现场条件作具体分析。

一、吸声降噪量

室内空间某点确定位置上,当声源声功率级 L_W 和声源指向性因数 Q 一旦确定,那么,只有改变房间常数 R 值才能使 L_P 值发生变化。设 R_1 和 R_2 分别为室内吸声装置前后的房间常数,距离声源中心 r 处相应声压级 L_{P1} 和 L_{P2} 由式(4—38),可列出:

$$L_{P1}=L_W+10\lg\left(\frac{Q}{4\pi r^2}+\frac{4}{R_1}\right) \tag{4—45}$$

$$L_{P2}=L_W+10\lg\left(\frac{Q}{4\pi r^2}+\frac{4}{R_2}\right) \tag{4—46}$$

L_{P1} 和 L_{P2} 的差值 ΔL_P 反映了吸声装置后 r 点处的降噪效果,即

$$\Delta L_P=L_{P1}-L_{P2}=10\lg\left(\frac{\frac{Q}{4\pi r^2}+\frac{4}{R_1}}{\frac{Q}{4\pi r^2}+\frac{4}{R_2}}\right) \tag{4—47}$$

当某点远离声源,则 $\frac{4}{R}\gg\frac{Q}{4\pi r^2}$,$\Delta L_P$ 近似可写出

$$\Delta L_P\approx 10\lg\frac{R_2}{R_1}\approx 10\lg\left(\frac{\overline{\alpha_2}}{\overline{\alpha_1}}\cdot\frac{(1-\overline{\alpha_1})}{(1-\overline{\alpha_2})}\right) \tag{4—48}$$

在一般情况下,$\overline{\alpha_1}$ 和 $\overline{\alpha_2}$ 都比 1 小得多,因此 ΔL_P 又可简化为:

$$\Delta L_P\approx 10\lg\frac{\overline{\alpha_2}}{\overline{\alpha_1}} \tag{4—49}$$

可见 $\overline{\alpha_2}$ 与 $\overline{\alpha_1}$ 之比值越大,噪声级降低得越多,但应该注意两者是对数关系,当 $\overline{\alpha_2}/\overline{\alpha_1}$ 大到某一程度时对数增长缓慢,甚至极小,因而比值宜选取适当,不宜过分追求过大值,以免得不偿失。

由于吸声系数与吸声量 A 成正比,与混响时间成反比,因此,ΔL_P 还可表示为

$$\Delta L_P\approx 10\lg\frac{A_1}{A_2} \tag{4—50}$$

$$\Delta L_P\approx 10\lg\frac{T_{60}^1}{T_{60}^2} \tag{4—51}$$

综上所述,从降低室内混响声来说,室内吸声量越大越好,吸声处理后的混响时间越短越好。

二、吸声设计原则

1. 对声源采取措施,如采用低噪声源设备,改进设备,设备加装隔声罩、消声器或建隔声间等。

2. 当房间内平均吸声系数较小时,适合进行吸声降噪处理,这样才能获得较好的效果。房间的吸声量在较高的基础上继续增加时,往往收效甚微。如 $\bar{a}$ 由 0.1 提高到 0.2 和由 0.4

提高到 0.8 降噪量都是 3 dB。因此，进行吸声降噪处理必须综合考虑经济投入和降噪效果。

3. 通常室内混响声在直达声的基础上会增加 4～12 dB，因此，一般室内吸声降噪量也能达到 4～12 dB。然而，有时吸声降噪值虽然只有 3～4 dB，但由于室内人员感到消除了噪声四面八方袭来的感觉，因此心理效果往往不能用 3～4 dB 的数值来衡量，在具备条件的情况下，混响声较大的车间应采取一定的吸声降噪措施。

4. 吸声降噪处理对于远离声源的接收者效果较好，而对声源较近的接收者效果较差。因此，如果在房间内各处分散布置声源较多时，房间内各处直达声都较强，这种情况应慎重考虑是否采取吸声降噪措施。

5. 选择吸声处理方式时，必须兼顾通风、采光、照明、装修，并注意施工、安装的方便及节省工料等。

6. 选择吸声材料或结构时，必须考虑防火、防潮、防腐蚀、防尘、防止小孔堵塞等工艺要求。

三、吸声设计程序

1. 确定待处理房间需满足的噪声级和噪声频谱。可根据有关标准确定，也可由任务委托者提出。

2. 确定待处理房间的噪声级和频谱。对现有车间，可进行实测取得。对设计中的车间，可由设备声功率谱及房间壁面情况进行推算。

3. 计算各频带噪声所需的降噪量。

4. 测量或估算待处理房间内的平均吸声系数，求出吸声处理需增加的吸声量或平均吸声系数。

5. 选定吸声材料（或吸声结构）的种类、厚度、容重等，求出吸声材料的吸声系数，确定吸声材料的面积和吸声方式等。

6. 设计安装位置时，吸声材料应布置在最容易接触声波和反射次数最多的表面上，如顶棚、顶棚与墙的交接处和墙与墙的交接处 1/4 波长以内的空间等处；两相对墙面的吸声量要尽量接近。

第六节 常用吸声材料

为了便于材料的选择和使用，表 4—2 至表 4—8 列举无机纤维、泡沫塑料、有机纤维、吸声建筑材料、常用薄板共振结构、微穿孔板等常见材料的吸声系数。

表 4—2　　无机纤维吸声材料吸声系数

材料名称	厚度 (cm)	密度 (kg/m³)	各频率下的吸声系数						备注
			125	250	500	1 000	2 000	4 000	
熟玻璃丝前加 10 目/英寸铁丝网一层	2	200	0.14	0.14	0.18	0.48	0.98		
	4	200	0.13	0.20	0.53	0.98	0.84		
	5	200		0.22	0.695	0.99	0.88		
	6	200	0.26	0.33	0.82	0.92	0.89		
	7	200		0.37	0.83	0.99	0.975		
	8	200	0.29	0.52	0.97	0.89	0.86		
	9	200		0.55	0.94	0.97	0.90		
	9.5	200		0.615	0.975	0.915	0.99		
熟玻璃丝前加 10 目/英寸铁丝网一层	5	150		0.23	0.395	0.85	0.94		
	6	150		0.305	0.625	0.995	0.82		
	7	150		0.37	0.735	0.991	0.975		
	8	150		0.367	0.78	0.995	0.99		
	9	150		0.55	0.94	0.97	0.90		
	9.5	150		0.615	0.975	0.915	0.995		
玻璃丝前加 10 目/英寸铁丝网一层	5	200	0.21	0.315	0.70	0.99	0.94		
	6	200	0.21	0.405	0.80	0.99	0.99		
	7	200	0.26	0.485	0.885	0.97	0.955		
	9	200	0.27	0.625	0.95	0.90	0.955		
玻璃丝前加 1.5 mm 厚 φ7 孔穿孔率 20% 的穿孔板	6	200	0.17	0.255	0.64	0.88	0.74		
	7	200	0.22	0.315	0.81	0.805	0.90	0.755	
	8	200	0.185	0.375	0.91	0.85	0.79	0.79	
	9	200	0.255	0.49	0.98	0.83	0.91		
	9.5	200	0.24	0.50	0.985	0.87	0.79		
	8	100	0.21	0.225	0.47	0.64	0.85	0.75	
	8	150	0.18	0.32	0.70	0.81	0.87	0.90	
	8	250	0.23	0.50	0.99	0.81	0.87	0.76	
玻璃丝毡（白色）去掉表面硬皮层	2	100	0.05	0.08	0.215	0.43	0.775	0.90	上海产
	4	100	0.08	0.21	0.54	0.93	0.99	0.95	
	6	100	0.15	0.365	0.75	0.95	0.985	0.95	
	8	100	0.25	0.545	0.825	0.92	0.975	0.95	
玻璃毡（黄色）去掉表面硬皮层	2	100	0.08	0.10	0.24	0.50	0.85		
	4	100	0.11	0.23	0.55	0.93	0.93		
	6	100	0.19	0.395	0.735	0.935	0.95		
	8	100	0.25	0.55	0.87	0.92	0.96		
松软玻璃丝毡	4	80	0.2	0.21	0.28	0.52	0.85		

续表

材料名称		厚度(cm)	密度(kg/m³)	各频率下的吸声系数						备注
				125	250	500	1 000	2 000	4 000	
超细玻璃棉		2.5		0.10	0.14	0.30	0.50	0.90	0.70	
		5	12	0.06	0.16	0.68	0.98	0.93	0.90	南通产
		5	17	0.06	0.19	0.71	0.98	0.91	0.90	
		5	24	0.10	0.30	0.85	0.85	0.85	0.85	
		5	20	0.10	0.35	0.85	0.85	0.86	0.86	上海产
		10	20	0.25	0.60	0.85	0.87	0.87	0.85	
		15	20	0.50	0.80	0.85	0.85	0.86	0.80	
超细玻璃棉（玻璃布护面）		10	20	0.29	0.88	0.87	0.87	0.98		天津产
		15	20	0.48	0.87	0.85	0.96	0.99		
超细玻璃棉（穿孔钢板护面）	Φ4, p1.9%	15	25	0.62	0.75	0.57	0.45	0.24		天津产
	Φ5, p4.8%	15	20	0.79	0.74	0.73	0.64	0.35		
	Φ5, p2%, t_1	15	25	0.85	0.70	0.60	0.41	0.25	0.20	
	Φ5, p5%, t_1	15	25	0.60	0.65	0.60	0.55	0.40	0.30	
	Φ9, p10%, t_1	6	30	0.38	0.63	0.60	0.56	0.54	0.44	
	Φ9, p20%, t_1	6	30	0.13	0.63	0.60	0.66	0.69	0.67	
防水超细玻璃棉		10	20	0.25	0.94	0.93	0.90	0.96		
沥青玻璃棉毡		3		0.11	0.13	0.26	0.46	0.75	0.88	大连产
		5	100	0.09	0.24	0.55	0.93	0.98	0.98	
树脂玻璃棉板		2.5		0.04	0.07	0.16	0.34	0.63	0.87	
树脂玻璃棉毡		5	100	0.09	0.26	0.60	0.94	0.98	0.99	大连产
矿渣棉前加亚麻布一层，10目/英寸铁丝网一层		5	200		0.545	0.74	0.81	0.885		
		6	200		0.59	0.80	0.86	0.97		
		7	200	0.32	0.635	0.765	0.83	0.90		
		8	200		0.67	0.775	0.835	0.98		
		9	200		0.775	0.795	0.81	0.99		
		9.5	200		0.805	0.86	0.855	0.965		
		5	240		0.415	0.682	0.76	0.865		
		6	240	0.25	0.55	0.785	0.75	0.878		
		7	240		0.62	0.615	0.76	0.8		
		8	240	0.39	0.65	0.65	0.76	0.88		
		9	240		0.60	0.65	0.735	0.865		
		9.5	240		0.61	0.645	0.765	0.875		
矿渣棉包亚麻布		7	240	0.35	0.59	0.66	0.76	0.855	0.92	

续表

材料名称	厚度(cm)	密度(kg/m³)	各频率下的吸声系数						备注
			125	250	500	1 000	2 000	4 000	
矿渣棉包亚麻布加 Φ7，p20%，t1.5穿孔钢板	7	240	0.33	0.50	0.56	0.62	0.68		
矿渣棉包亚麻一层，加10目/英寸铁丝网	8	150	0.30	0.64	0.93	0.788	0.93	0.94	
	8	300	0.35	0.43	0.55	0.67	0.78	0.92	
矿渣棉	6	240	0.25	0.55	0.78	0.75	0.87	0.91	北京产
	7	200	0.32	0.63	0.76	0.83	0.90	0.92	
	8	150	0.30	0.64	0.73	0.78	0.93	0.94	
	8	240	0.35	0.65	0.65	0.75	0.88	0.92	
	8	300	0.35	0.43	0.55	0.67	0.78	0.92	
沥青矿棉毡	1.5	200	0.08	0.09	0.18	0.40	0.79	0.82	太原产
	3	200	0.10	0.18	0.50	0.68	0.81	0.89	
	4	200	0.16	0.38	0.61	0.70	0.81	0.90	
	6	200	0.19	0.51	0.67	0.70	0.85	0.86	
沥青矿棉毡距墙 2.5 cm	3	200	0.19	0.47	0.68	0.68	0.78	0.92	
4 cm	3	200	0.36	0.64	0.74	0.70	0.75	0.87	
6.5 cm	3	200	0.36	0.66	0.66	0.64	0.78	0.90	
矿棉吸声板	1.7~1.8	100~200	0.09	0.18	0.50	0.71	0.76	0.81	北京产
岩棉	2.5	80	0.04	0.09	0.24	0.57	0.93	0.97	
	2.5	150	0.04	0.095	0.32	0.65	0.95	0.95	
	5	80	0.08	0.22	0.60	0.93	0.976	0.985	
	5	120	0.10	0.30	0.69	0.92	0.91	0.965	
	5	150	0.115	0.33	0.73	0.90	0.89	0.963	
	5	80	0.07	0.24	0.61	0.93	0.975	0.99	
	7.5	80	50.31	0.59	0.87	0.83	0.91	0.97	
	10	80	0.35	0.64	0.89	0.90	0.96	0.98	
	10	80	0.30	0.70	0.90	0.92	0.965	0.99	

表 4—3　　　　　　　　　　泡沫塑料吸声系数

材料名称	厚度(cm)	容重(kg/m³)	各频率下的吸声系数						备注
			125	250	500	1 000	2 000	4 000	
脲醛泡沫塑料（米波罗）	10		0.47	0.7	0.87	0.86	0.96	0.97	长春产
	3	20	0.10	0.17	0.45	0.67	0.65	0.85	
	5	20	0.22	0.29	0.40	0.68	0.95	0.94	

续表

材料名称	厚度(cm)	容重(kg/m³)	各频率下的吸声系数						备注
			125	250	500	1 000	2 000	4 000	
氨基甲酸酯泡沫塑料	2		0.06	0.07	0.16	0.51	0.84	0.65	天津产
	3		0.07	0.13	0.32	0.91	0.72	0.89	
	4		0.12	0.22	0.57	0.77	0.77	0.76	
	2.5	25	0.05	0.07	0.26	0.81	0.69	0.81	
	5	36	0.21	0.31	0.86	0.71	0.86	0.82	
聚氨酯泡沫塑料	3	53	0.05	0.10	0.19	0.38	0.76	0.82	天津产
	3	56	0.07	0.16	0.41	0.87	0.75	0.72	
	4	56	0.09	0.25	0.65	0.95	0.73	0.79	
	5	56	0.11	0.31	0.91	0.75	0.86	0.81	
	3	71	0.11	0.21	0.71	0.65	0.64	0.65	
	4	71	0.17	0.30	0.76	0.56	0.67	0.65	
	5	71	0.20	0.32	0.70	0.62	0.68	0.65	
聚氨酯泡沫塑料	2.5	40	0.04	0.07	0.11	0.16	0.31	0.83	细孔小孔大孔(北京产)
	3	45	0.06	0.12	0.23	0.46	0.86	0.82	
	5	45	0.06	0.13	0.31	0.65	0.70	0.82	
聚氨酯泡沫塑料	4	40	0.10	0.19	0.36	0.70	0.75	0.80	上海产
	6	45	0.11	0.25	0.52	0.87	0.79	0.81	
	8	45	0.20	0.40	0.95	0.90	0.98	0.85	
聚醚乙烯泡沫塑料	1	26	0.04	0.04	0.06	0.08	0.18	0.29	北京产
	3	26	0.04	0.11	0.38	0.89	0.75	0.86	
酚醛泡沫塑料	1	28	0.05	0.10	0.26	0.55	0.52	0.62	太原产
	2	16	0.08	0.15	0.30	0.52	0.56	0.60	
硬质聚氯乙烯泡沫塑料	2.5	10	0.04	0.04	0.17	0.56	0.28	0.58	光面凹凸面
	2.5	10	0.04	0.05	0.11	0.27	0.52	0.67	
聚氨乙烯泡沫塑料2 cm厚放玻璃棉4 cm			0.13	0.55	0.88	0.68	0.70	0.90	
同上,距墙6 cm			0.60	0.90	0.76	0.65	0.77	0.90	

表 4—4 有机纤维类吸声材料吸声系数

材料名称	厚度(cm)	容重(kg/m³)	各频率下的吸声系数						备注
			125	250	500	1 000	2 000	4 000	
工业毛毡（白色）	1.05	365	0.03	0.065	0.24	0.46	0.525	0.57	
	2.1	365	0.04	0.28	0.43	0.46	0.51	0.56	
	3.15	365	0.12	0.37	0.36	0.45	0.52	0.59	
	4.2	365	0.13	0.35	0.34	0.43	0.46	0.48	
	5.25	365	0.14	0.33	0.35	0.45	0.49	0.54	
	6.3	365	0.14	0.34	0.35	0.43	0.50	0.55	
	7.35	365	0.13	0.36	0.32	0.41	0.48	0.52	
工业毛毡（灰色）	1	372	0.04	0.07	0.21	0.50	0.52	0.57	
	2	372	0.07	0.26	0.42	0.40	0.55	0.56	
	3	372	0.11	0.38	0.55	0.60	0.69	0.59	
	4	372	0.14	0.36	0.44	0.55	0.52	0.58	
	5	372	0.10	0.26	0.30	0.35	0.44	0.52	
	6	372	0.13	0.31	0.43	0.52	0.55	0.52	
	7	372	0.18	0.30	0.43	0.50	0.53	0.54	
	8	372	0.20	0.30	0.45	0.50	0.52	0.56	
工业毛毡	1	370	0.04	0.07	0.21	0.50	0.52	0.57	北京产
	3	370	0.10	0.28	0.55	0.60	0.60	0.59	
	5	370	0.11	0.30	0.50	0.50	0.50	0.52	
	7	370	0.18	0.35	0.43	0.50	0.53	0.54	
卡普隆纤维	6	33	0.12	0.26	0.58	0.91	0.96	0.98	
纺织厂飞花（废料）	5	23.5	0.10	0.27	0.69	0.95	0.97	0.97	北京产
麻下脚	5	150	0.39	0.41	0.70	0.74	0.78	0.94	
	10	120	0.45	0.68	0.75	0.83	0.91	0.97	
粗大麻	3	90	0.07	0.09	0.15	0.35	0.66	0.62	
细大麻	3	90	0.08	0.10	0.17	0.37	0.70	0.72	
棉絮	2.5	10	0.03	0.07	0.15	0.30	0.62	0.60	
木屑	2.5	160	0.03	0.09	0.26	0.60	0.70	0.70	
椰衣纤维	5	67	0.22	0.32	0.82	0.99	0.97	0.96	
海草	1	100	0.10	0.10	0.14	0.25	0.77	0.86	
	3	100	0.10	0.14	0.17	0.65	0.80	0.98	
	5	100	0.10	0.19	0.50	0.94	0.85	0.86	

续表

材料名称	厚度(cm)	容重(kg/m³)	各频率下的吸声系数						备注
			125	250	500	1 000	2 000	4 000	
甘蔗板	1.3	190	0.09	0.13	0.21	0.40	0.35	0.40	上海产
	2	190	0.09	0.14	0.21	0.25	0.37	0.40	
麻袋中装稻草（防火处理）	10~25		0.10	0.28	0.70	0.66	0.76	0.88	α_T
甘蔗板距墙5 cm	2	0.46	0.98	0.52	0.62	0.58	0.56		
木丝板	2		0.15	0.15	0.16	0.34	0.78	0.52	北京产
	4		0.19	0.20	0.48	0.78	0.42	0.70	
	5		0.15	0.23	0.64	0.78	0.87	0.92	
	8		0.25	0.53	0.82	0.63	0.84	0.59	
木丝板距墙 5 cm	3		0.25	0.30	0.81	0.63	0.69	0.91	
	5		0.29	0.77	0.73	0.68	0.81	0.83	
木丝板距墙 10 cm	3		0.09	0.36	0.62	0.53	0.71	0.89	
	5		0.33	0.93	0.68	0.72	0.83	0.86	
木丝板距墙 15 cm	3		0.15	0.63	0.57	0.46	0.82	0.99	
麻纤维板	1.3	260	0.07	0.09	0.14	0.18	0.27	0.30	上海产
	2	260	0.09	0.11	0.16	0.22	0.28	0.30	
木纤维板	1.1		0.06	0.15	0.28	0.30	0.33	0.31	
木纤维板距墙 5 cm	1.1		0.22	0.30	0.34	0.32	0.41	0.42	
向日葵杆芯板	2.2	150	0.07	0.09	0.22	0.42	0.55	0.56	
	2.2	320	0.12	0.13	0.15	0.34	0.52	0.53	
稻草压制板	0.5		0.05	0.09	0.25	0.52	0.48		
稻草板	2.3		0.25	0.39	0.60	0.26	0.33	0.72	
带孔（φ5）草压板	0.5		0.05	0.08	0.25	0.55	0.48		
压制稻壳板	0.5		0.06	0.14	0.27	0.23	0.09		
半穿孔吸声装饰纤维板	1.3		0.08	0.17	0.26	0.38	0.59	0.60	
草纸板、软木屑板	1.0	250	0.11	0.12	0.13	0.23	0.22	0.23	上海产
	2.5	260	0.05	0.11	0.25	0.63	0.70	0.70	

表 4—5　　吸声建筑材料的吸声系数

材料名称		厚度(cm)	密度(kg/m³)	各频率下的吸声系数						备注
				125	250	500	1 000	2 000	4 000	
微孔吸声砖（αr）		3.5	370	0.08	0.22	0.38	0.45	0.65	0.66	北京产
		5.5		0.20	0.40	0.60	0.52	0.65	0.62	
		5.5	620	0.15	0.40	0.57	0.48	0.59	0.60	
		5.5	830	0.13	0.20	0.22	0.50	0.29	0.29	
		9.5	1 100	0.41	0.60	0.55	0.63	0.68	0.75	
石英砂吸声砖		6.5	1 500	0.08	0.24	0.78	0.43	0.40	0.40	长春产
矿渣膨胀珍珠岩吸声砖（αr）		11.5	700~800	0.31	0.49	0.54	0.76	0.76	0.72	
纯矿渣吸声砖		11.5	1 000	0.30	0.50	0.52	0.62	0.65		
膨胀吸声砖		2.5		0.04	0.06	0.22	0.71	0.87		北京产
		5		0.09	0.28	0.77	0.79	0.75		
		7.5		0.21	0.59	0.77	0.67	0.77		
泡沫玻璃		4	1 260	0.11	0.32	0.52	0.44	0.52	0.33	
		4	1 290	0.11	0.21	0.31	0.32	0.42	0.32	
		4	1 870	0.11	0.22	0.32	0.34	0.43	0.32	
泡沫玻璃砖		5.5	340	0.03	0.08	0.42	0.37	0.22	0.33	长春产
加气混凝土		5	500	0.07	0.13	0.10	0.17	0.31	0.33	北京产
加气混凝土穿孔 φ5		5	500	0.11	0.17	0.48	0.33	0.47	0.35	北京产
加气混泥土穿孔 φ3		6	500	0.10	0.10	0.10	0.48	0.20	0.30	
泡沫混凝土	白	4.4	210	0.09	0.31	0.52	0.43	0.50	0.50	沈阳产
	黄	2.4	290	0.06	0.19	0.55	0.84	0.52	0.50	
	棕	4.2	300	0.11	0.25	0.45	0.45	0.57	0.53	
	灰	4.1	340	0.13	0.26	0.51	0.53	0.55	0.54	
纯膨胀珍珠岩		11.5	250~350	0.44	0.50	0.60	0.69	0.75		
水泥膨胀珍珠岩		10		0.45	0.65	0.59	0.62	0.68		

续表

材料名称	厚度(cm)	密度(kg/m³)	各频率下的吸声系数						备注
			125	250	500	1 000	2 000	4 000	
水泥膨胀珍珠岩板	5	350	0.16	0.46	0.64	0.48	0.56	0.56	北京产
	8	350	0.34	0.47	0.40	0.37	0.48	0.55	
石棉蛭石板	3.4	420	0.22	0.30	0.39	0.41	0.50	0.50	北京产
蛭石板	3.8	240	0.12	0.14	0.35	0.39	0.55	0.54	
加水渣泡沫水泥	7.5			0.30	0.26	0.29	0.33	0.38	
石棉水泥穿孔板(t: 4 mm, p: 1%)后腔填5 cm玻璃棉			0.19	0.54	0.25	0.15	0.02		

表4—6　　　　常用薄板共振结构的吸声系数

结构与规格	空腔距离/cm	f/Hz					
		125	250	500	1 000	2 000	4 000
三夹板	5	0.21	0.74	0.21	0.10	0.08	0.12
龙骨间距50 mm×50 cm	5	0.37	0.57	0.28	0.12	0.09	0.12
五夹板	5	0.09	0.52	0.17	0.06	0.10	0.12
龙骨间距45 mm×45 cm	10	0.41	0.30	0.14	0.05	0.10	0.16
七夹板	16	0.58	0.14	0.09	0.04	0.04	0.07
龙骨间距50 mm×45 cm	25	0.37	0.13	0.10	0.05	0.05	0.10
塑料五夹板，中填矿棉	5	0.47	0.41	0.20	0.09	0.09	0.12
塑料五夹板吊顶，铺一层矿棉，龙骨间距50 mm×50 cm	170	0.36	0.19	0.15	0.08	0.07	0.07

表 4—7　　　　　　　　　　　　　组合吸声结构的吸声系数

材料名称	厚度(cm)	容重(kg/m³)	各频率下的吸声系数						产地
			125	250	500	1 000	2 000	4 000	
超细玻璃棉 前置 φ5.2%，板厚 1 mm，穿孔钢板	15	25	0.85	0.70	0.60	0.41	0.25	0.25	上海
前置 φ5.5%，板厚 1 mm，穿孔钢板	15	25	0.60	0.65	0.60	0.55	0.40	0.30	
前置 φ9.10%，板厚 1 mm，穿孔钢板	6	30	0.38	0.63	0.60	0.56	0.54	0.44	
前置 φ9.20%，板厚 1 mm，穿孔钢板	6	30	0.13	0.63	0.60	0.66	0.69	0.67	
沥青矿棉后留 空腔 2.5 cm 空腔 2.5 cm 空腔 2.5 cm	3 3 3	200 200 200	0.19 0.36 0.36	0.47 0.64 0.66	0.68 0.74 0.66	0.68 0.70 0.64	0.78 0.75 0.78	0.92 0.87 0.90	
聚氨乙烯泡沫塑料 2 cm 厚安放玻璃棉毡 4 cm			0.13	0.55	0.88	0.68	0.70	0.90	太原
聚氨乙烯泡沫塑料 2 cm 厚安放玻璃棉毡 4 cm，但空腔为 6 cm			0.60	0.90	0.76	0.65	0.77	0.90	
矿棉吸声板厚 1.8 cm		300	0.06	0.15	0.50	0.84	0.82	0.85	北京
同上，但留空腔 5 cm		300	0.20	0.45	0.52	0.65	0.72	0.78	
同上，但留空腔 2 cm		300	0.40	0.58	0.68	0.80	0.85	0.80	

表 4—8　　单层微穿孔板的吸声系数

规格　腔深(cm)　吸声系数　频率(Hz)	孔径 φ0.8 mm, 板厚 t=0.8 mm, p=1%				孔径 φ0.8 mm, 板厚 t=0.8 mm, p=2%				孔径 φ0.8 mm, 板厚 t=0.8 mm, p=1%	孔径 φ0.8 mm, 板厚 t=0.8 mm, p=1%	
	5	10	15	25	3	5	10	20	20	15	20
100									0.26	0.12	0.12
125									0.28	0.18	0.19
160	0.06	0.24	0.35	0.63	0.07	0.05	0.12	0.4	0.35	0.19	0.26
200	0.05	0.24	0.37	0.72	0.08	0.05	0.1	0.4	0.51	0.3	0.3
250	0.05	0.33	0.54	0.92	0.09	0.05	0.14	0.5	0.67	0.43	0.5
320	0.11	0.58	0.77	0.97	0.14	0.07	0.33	0.72	0.77	0.96	0.55
400	0.29	0.71	0.85	0.99	0.11	0.17	0.46	0.83	0.71	0.81	0.54
500	0.36	0.82	0.92	0.97	0.12	0.17	0.63	0.95	0.52	0.87	0.45
630	0.61	0.98	0.97	0.76	0.17	0.36	0.77	0.8	0.34	0.52	0.41
800	0.87	0.96	0.87	0.38	0.15	0.6	0.92	0.54	0.31	0.36	0.27
1 000	0.99	0.84	0.65	0.1	0.25	0.76	0.8	0.27	0.42	0.32	0.35
1 250	0.82	0.46	0.3	0.99	0.44	0.89	0.53	0.07	0.37	0.29	0.39
1 600	0.78	0.4	0.2	0.4	0.58	0.78	0.31	0.77	0.28	0.4	0.36
2 000	0.44	0.14	0.26	0.09	0.81	0.57	0.23	0.4	0.40	0.33	0.36
2 500	0.2	0.07	0.32	0.17	0.65	0.36	0.08	0.13	0.25	0.38	0.01
3 200	0.12	0.29	0.15	0.12	0.4	0.22	0.4	0.28	0.27	0.35	0.33
4 000									0.30	0.34	0.19
5 000									0.25	0.32	0.36
备注	管测法								混响室法		

参 考 文 献

[1] 方丹群等．噪声控制．北京：北京出版社，1986
[2] 马大猷．微穿孔板吸声结构的理论与设计．中国科学，1975
[3] 马大猷等．声学手册（修订版）．北京：科学出版社，2004

第五章 隔声技术

经空气传播的声音，在穿过门、窗、砖墙、隔声罩、隔声屏等固体物时，一部分声能被反射，另一部分声能透射到固体物的另一侧空间的过程称为"隔声"。

声源在室内发声时，声音的传播途径有两条，一条是通过空气传播，另一条是通过固体传播。以图5—1水泵噪声在建筑物中的传播途径为例，水泵运转时的振动，一方面直接激起空气振动而发出声波，以空气声波的形式向外辐射，称为"空气传声"；另一方面激发楼板、墙体、泵体以及连接的管道等构件的振动，以弹性波的形式在结构固体中传播，称为"固体传声"。固体传声又能在传播过程中由结构表面振动而激起空气声波。

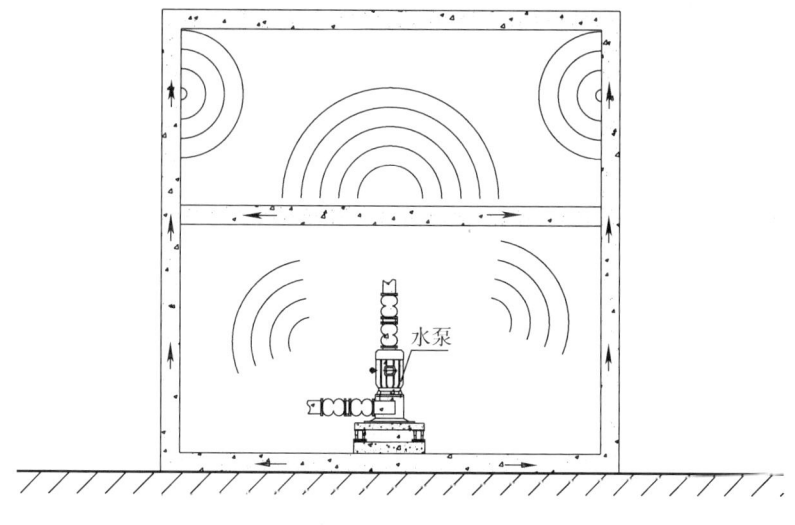

图5—1 水泵噪声在建筑物中的传播

室内任何接受位置上均包含两种传声的结果。对于空气传声，通常采用隔声构件隔离；而对于固体传声，则通常采用隔振措施隔离。本章主要介绍各种构件对空气传声的隔声。

第一节 隔声效果的评价量

一、传声系数和隔声量

1. 传声系数

隔声构件的传声系数 τ 是透射声功率 w_2 和入射声功率 w_1 的比值。

$$\tau = \frac{w_2}{w_1} \tag{5—1}$$

式中 τ——传声系数；

w_1——入射声功率；

w_2——透射声功率。

2. 隔声量

表示隔声性能的另一个常用的量是传递损失 R，亦称为隔声量。隔声量为

$$R = 10\lg\frac{1}{\tau} \tag{5—2}$$

式中 R——隔声量；

τ——传声系数。

对于隔声构件来说，τ 值始终小于 1，τ 越小，则 R 值越大，表示透过构件的声能越少，构件的隔声量越大。

二、计权隔声量

计权隔声量是单值评价量，主要目的是为了对构件的空气声隔声性能进行评价和分级。计权隔声量是将一组测量量用一组基准数值进行整合后获得的单值评价量，国家标准《建筑隔声评价标准》(GB/T 50121—2005) 中对空气声隔声基准值和计算频谱修正量的声压级频谱进行了规定。

根据 1/3 倍频程的空气声隔声测量来确定单值评价量时所用的空气声隔声基准值，必须符合表 5—1 及相应的基准曲线（见图 5—2 和图 5—3）的规定。

表 5—1　　空气声隔声基准值

频率/Hz	1/3 倍频程基准值 K_i/dB	倍频程基准值 K_i/dB
100	−19	
125	−16	−16
160	−13	
200	−10	
250	−7	−7
315	−4	
400	−1	
500	0	0
630	1	
800	2	
1 000	3	3
1 250	4	

续表

频率/Hz	1/3 倍频程基准值 K_i/dB	倍频程基准值 K_i/dB
1 600	4	
2 000	4	4
2 500	4	
3 150	4	—

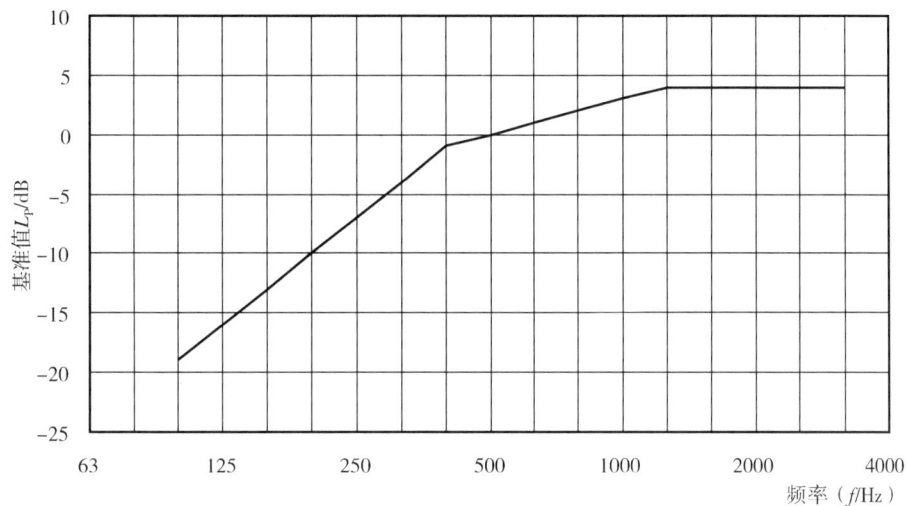

图 5—2　空气声隔声基准曲线（1/3 倍频程）

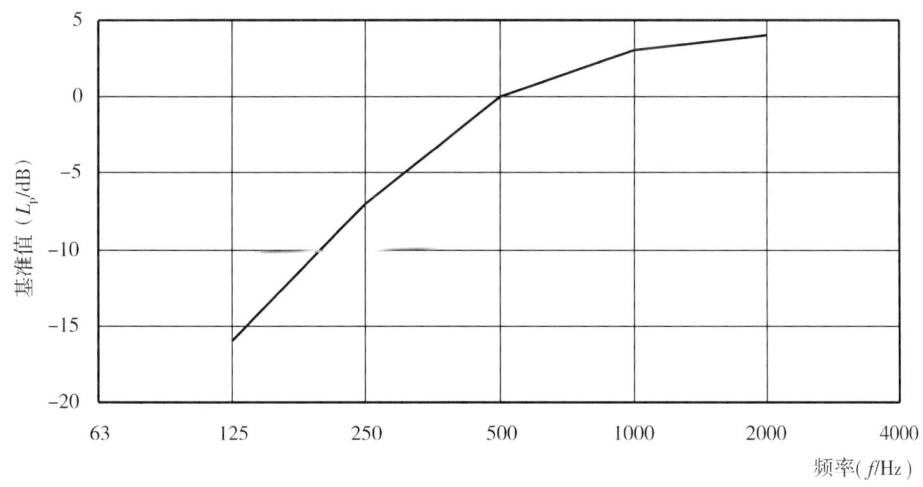

图 5—3　空气声隔声基准曲线（倍频程）

用于计算频谱修正量的 1/3 倍频程或倍频程声压级频谱必须符合表 5—2 及相应的声压级频谱曲线（见图 5—4 和图 5—5）的规定。

表 5—2　　计算频谱修正量的声压级频谱

频率/Hz	声压级 L_{ij}/dB			
	用于计算 C 的频谱 1		用于计算 C_{tr} 的频谱 2	
	1/3 倍频程	倍频程	1/3 倍频程	倍频程
100	−29	−21	−20	−14
125	−26		−20	
160	−23		−18	
200	−21	14	−16	−10
250	−19		−15	
315	−17		−14	
400	−15	−8	−13	−7
500	−13		−12	
630	−12		−11	
800	−11	−5	−9	−4
1 000	−10		−8	
1 250	−9		−9	
1 600	−9	−4	−10	−6
2 000	−9		−11	
2 500	−9		−13	
3 150	−9	—	−15	—

确定空气声隔声单值评价量的方法可以采用数值计算法，也可采用曲线比较法。

1. 数值计算法

(1) 当测量量为 X，且 X 用 1/3 倍频程测量时，其相应单值评价量 X_W 必须为满足下式的最大值，精确到 1 dB：

$$\sum_{i=1}^{16} P_i \leqslant 32.0 \tag{5—3}$$

式中　i——频带的序号，$i=1\sim16$，代表 $100\sim3\,150$ Hz 范围内的 16 个 1/3 倍频程；

　　　P_i——不利偏差，按下式计算：

$$P_i = \begin{cases} X_W + K_i + X_i & X_W + K_i - X_i > 0 \\ 0 & X_W + K_i - X_i \leqslant 0 \end{cases} \tag{5—4}$$

式中　X_W——所要计算的单值评价量；

　　　K_i——表 5—1 中第 i 个频带的基准值；

　　　X_i——第 i 个频带的测量量，精确到 0.1 dB。

(2) 当测量量为 X，且 X 用倍频程测量时，其相应单值评价量 X_W 必须为满足下式的最大值，精确到 1 dB：

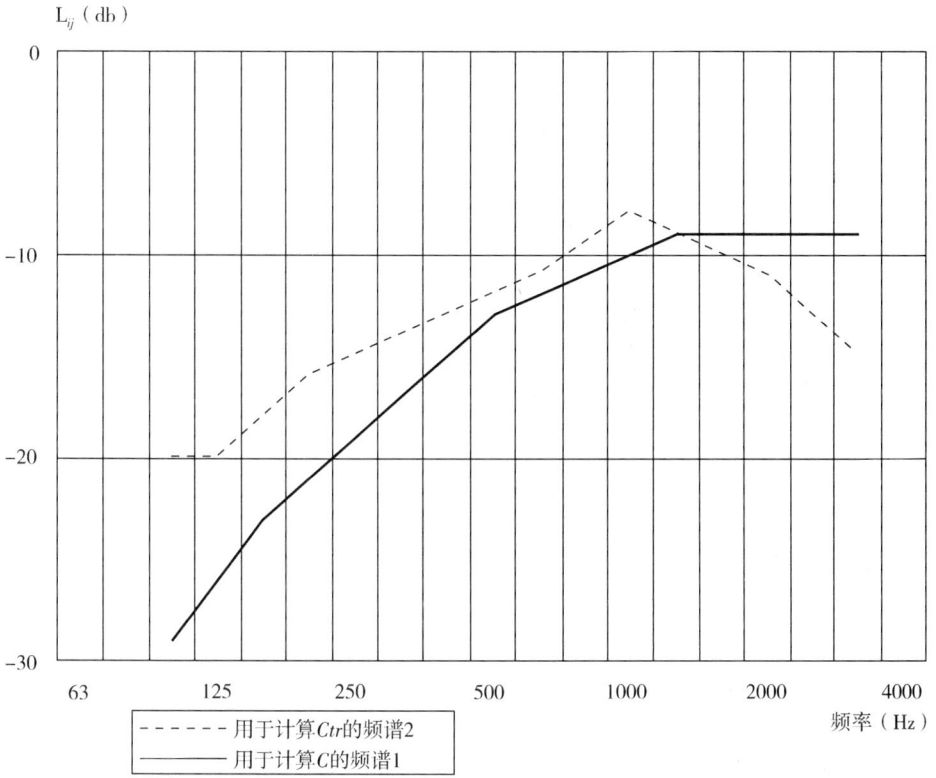

图 5—4 计算频谱修正量的声压级频谱（1/3 倍频程）

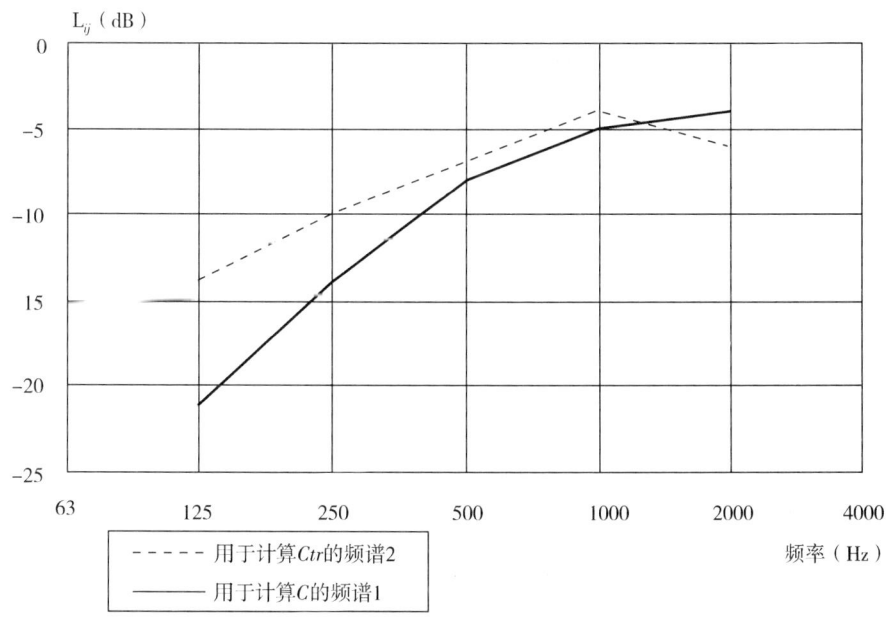

图 5—5 计算频谱修正量的声压级频谱（倍频程）

$$\sum_{i=1}^{5} P_i \leqslant 10.0 \tag{5—5}$$

式中 i——频带的序号，$i=1\sim5$，代表 125～2 000 Hz 范围内的 5 个倍频程；

P_i——不利偏差，按式（5—4）计算。

2. 曲线比较法

（1）当测量量用 1/3 倍频程测量时，应符合下列规定：

1) 将一组精确到 0.1 dB 的 1/3 倍频程空气声隔声测量量在坐标纸上绘制成一条测量量的频谱曲线。

2) 将按照相同坐标比例的并绘有 1/3 倍频程空气声隔声基准曲线（图）的透明纸覆盖在绘有上述曲线的坐标纸上，使横坐标相互重叠，并使纵坐标中基准曲线 0 dB 与频谱曲线的整数坐标对齐。

3) 将基准曲线向测量量的频谱曲线移动，每步 1 dB，直至不利偏差之和尽量大，但不超过 32.0 dB 为止。

4) 此时基准曲线上 0 dB 线所对应的绘有测量量频谱曲线的坐标纸上纵坐标的整分贝数，就是该测量量所对应的单值评价量。

（2）当测量量用倍频程测量时，应符合下列规定：

1) 将一组精确到 0.1 dB 的倍频程空气声隔声测量量在坐标纸上绘制成一条测量量的频谱曲线。

2) 将按相同坐标比例绘有倍频程空气声隔声基准曲线（图）的透明纸覆盖在绘有上述曲线的坐标纸上，使横坐标相互重叠，并使纵坐标中基准曲线 0 dB 与频谱曲线的整数坐标对齐。

3) 将基准曲线向测量量的频谱曲线移动，每步 1 dB，直至不利偏差之和尽量大，但不超过 10.0 dB 为止。

4) 此时基准曲线上 0 dB 线所对应的绘有测量量频谱曲线的坐标纸上纵坐标的整分贝数，就是该测量量所对应的单值评价量。

三、插入损失

距声源一定距离处测得无隔声构件时的声压级 L_0 和有隔声构件时的声压级 L，两者之差称为隔声构件的插入损失 IL，即

$$IL = L_0 - L \tag{5—6}$$

式中 IL——插入损失；

L_0——无隔声构件时测得的声压级；

L——有隔声构件时测得的声压级。

在工程实际中，插入损失越大，表明设置隔声构件后，降噪效果越好。

第二节　隔声构件的隔声性能

一、单层匀质构件的隔声

1. 边界条件和透射声波与入射声波声压比

假设一层均匀各向同性的固体构件在空间中无限伸延，将大气分成左右两部分，平面声波从左向右传播，传播方向垂直于构件层，如图 5—6 所示。

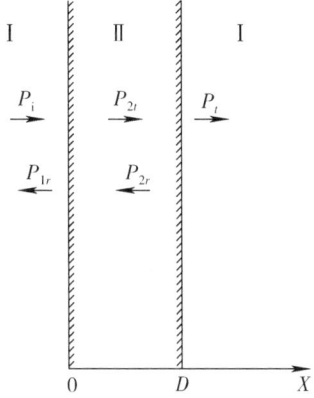

图 5—6　平面声波正入射于固体构件时的反射和透射

声波穿透构件层必须通过两个界面，一个是从空气到固体的界面，另一个是从固体到空气的界面。由于界面上特性阻抗的骤然变化，声波将产生两次反射，所以透射过构件的声波就很微弱。

设构件厚度为 D，构件特性阻抗为 $R_2 = \rho_2 c_2$，空气的特性阻抗为 $R_1 = \rho_1 c_1$，入射声波和透射声波的声压和质点振动速度分别用 p_i、v_i 和 p_t、v_t 表示，反射声波用 p_{1r} 和 v_{1r} 表示，固体构件中的入射波与反射波分别用 p_{2t}、v_{2t} 和 p_{2r}、v_{2r} 表示。

如按图 5—6 选取坐标，则上述各列声波可表示为：

$$\begin{cases} p_i = p_{iA} e^{j(\omega t - k_1 x)} \\ v_i = v_{iA} e^{j(\omega t - k_1 x)} \\ p_{1r} = p_{1rA} e^{j(\omega t + k_1 x)} \\ v_{1r} = v_{1rA} e^{j(\omega t + k_1 x)} \\ p_{2t} = p_{2tA} e^{j(\omega t - k_2 x)} \\ v_{2t} = v_{2tA} e^{j(\omega t - k_2 x)} \\ p_{2r} = p_{2rA} e^{j(\omega t + k_2 x)} \\ v_{2r} = v_{2rA} e^{j(\omega t + k_2 x)} \\ p_t = p_{tA} e^{j[\omega t - k_1 (x - D)]} \\ v_t = v_{tA} e^{j[\omega t - k_1 (x - D)]} \end{cases} \quad (5\text{—}7)$$

式中，$k_1=\dfrac{\omega}{c_1}$、$k_2=\dfrac{\omega}{c_2}$，c_1、c_2 分别为空气及固体构件中的声速。

因为各列声波均为平面波，所以有

$$\begin{cases} v_{iA}=\dfrac{p_{iA}}{R_1} \\ v_{1rA}=-\dfrac{p_{1rA}}{R_1} \\ v_{2tA}=\dfrac{p_{2tA}}{R_2} \\ v_{2rA}=-\dfrac{p_{2rA}}{R_2} \\ v_{tA}=\dfrac{p_{tA}}{R_1} \end{cases} \tag{5—8}$$

应用声波在界面的声压与法向质点速度连续条件可以得到如下两个方程组

$$\begin{cases} p_{iA}+p_{1rA}=p_{2tA}+p_{2rA} \\ p_{iA}-p_{1rA}=\dfrac{R_1}{R_2}(p_{2tA}-p_{2rA}) \end{cases} \tag{5—9}$$

$$\begin{cases} p_{2tA}e^{-jk_2D}+p_{2rA}e^{jk_2D}=p_{tA} \\ p_{2tA}e^{-jk_2D}-p_{2rA}e^{jk_2D}=\dfrac{R_2}{R_1}p_{tA} \end{cases} \tag{5—10}$$

通过上述两个方程组可以求得透射声波在 $x=D$ 界面上的声压与入射声波在 $x=0$ 界面上的声压之比

$$t_p=\dfrac{p_{tA}}{p_{iA}}=\dfrac{2}{[4\cos^2 k_2D+(R_{12}+R_{21})^2\sin^2 k_2D]^{\frac{1}{2}}} \tag{5—11}$$

式中，$R_{12}=\dfrac{R_2}{R_1}$，$R_{21}=\dfrac{R_1}{R_2}$。

2. 透声系数

透射波声强与入射波声强之比，即固体构件层的声强透射系数，又称透声系数。

$$\tau=\dfrac{|p_{tA}|^2/R_1}{|p_{iA}|^2/R_1}=\dfrac{4}{4\cos^2 k_2D+(R_{12}+R_{21})^2\sin k_2D} \tag{5—12}$$

透声系数说明构件层的隔声特性，透声系数越低，隔声性能越好。从式（5—12）可以看到，透声系数大小与 $\dfrac{R_1}{R_2}$ 相关，隔声性能还与构件层的厚度 D 和声波波长 λ 之比有关。

常用固体材料的特性阻抗 R_2 比空气特性阻抗 R_1 大得多，所以式（5—12）中的 R_{21} 可以忽略不计。假设构件厚度 D 远小于入射声波波长 λ，则有 $\sin k_2D\approx k_2D$ 和 $\cos k_2D\approx 1$，此时式（5—12）可以写成：

$$\tau=\dfrac{4}{4+(R_{12}\cdot k_2D)^2} \tag{5—13}$$

令 $M_2=\rho_2 D$ 为构件层的面密度（kg/m^2），所以

$$\tau = \frac{4}{4+\left(\frac{\omega M_2}{2\rho_1 c_1}\right)^2} \tag{5—14}$$

3. 隔声量

表示隔声性能的另一个常用的量是传递损失 R，亦称为隔声量。隔声量为

$$R = 10\lg\frac{1}{\tau} = 10\lg\left[1+\left(\frac{\omega M_2}{2\rho_0 c}\right)^2\right] \tag{5—15}$$

对于一般常用的固体隔声材料，如钢板、木板、砖墙、玻璃等，常能满足 $\frac{\omega M_2}{2\rho_0 c} \gg 1$ 的条件，因此，隔声量可以写成：

$$R = 10\lg\left(\frac{\omega M_2}{2\rho_0 c}\right)^2 \tag{5—16}$$

式（5—16）说明构件面密度加倍，噪声隔声量提高 6 dB；噪声频率提高一倍，隔声量也增加 6 dB，这就是著名的隔声质量定律。

在工程实践中，常把要隔绝的噪声近似视为无规律入射声波，由于受到阻尼作用、吻合效应以及边界条件等影响，实际隔声量达不到理论公式计算的结果。通过长期经验积累，总结出一些隔声量计算的经验公式：

$$R = 16\lg M_2 + 14\lg f - 29 \tag{5—17}$$
$$R = 14.5\lg M_2 + 14.5\lg f - 26 \tag{5—18}$$

上述隔声量计算结果，可作为工程实践中单层固体构件的隔声参考量。

4. 隔声频率特性

上述对构件隔声量的讨论，由于忽略了构件自身弹性和阻尼的作用，按质量定律估计的隔声量往往比实测结果高。实际上，当某一频率的声波以一定的角度入射到单层构件上，使入射声波的波长在构件上的投影刚好等于构件的固有弯曲波波长，即空气中声波在构件上的投影与构件的弯曲波吻合，从而激发构件固有振动，构件的弯曲振动及向另一侧辐射的噪声均达到极大，相应的隔声量为极小，这一现象就称为"吻合效应"，相应的频率就称为"吻合频率"。

吻合效应理论及其数学计算方法如下：

假设波长为 λ 的声波从左下方射向板面，如果弯曲波波长 $\lambda_B > \lambda$，则存在一个入射角 ϕ_0，使得 $\lambda/\sin\phi_0 = \lambda_B$。反之，若 $\lambda_B < \lambda$，则永远不会产生吻合效应。对于给定的频率 f，声波在空气中的速度为 $c = \lambda f$，而构件中弯曲波速度为 $c_B = \lambda_B f_0$，产生吻合的条件则为：

$$\sin\phi_0 = c/c_B$$

式中，ϕ_0 为吻合角度，f_0 为吻合频率。

临界频率 f_c 是可能产生吻合效应的最低频率。或者说，临界频率是掠入射（入射角 $\phi_0 = 90°$）时的吻合频率。

临界频率与构件的物理性质有关，理论分析给出如下关系：

$$f_c = \frac{c^2}{2\pi}\sqrt{\frac{M}{B}} = 0.556\frac{c^2}{D}\sqrt{\frac{\rho}{E}} \tag{5—19}$$

式中　　M——构件的面密度（kg/m^2）；
　　　　B——构件的弯曲刚度（即弯曲劲度，$kg \cdot m$）；
　　　　D——构件的厚度（m）；
　　　　ρ——构件材料的容重（kg/m^3）；
　　　　E——构件的静态弹性模量（kgf/m^2）；
　　　　c——空气中声速，344 m/s。

可见，又厚又坚实的构件，如混凝土、砖墙等构件弯曲刚度比较大，临界吻合频率往往出现在低频段，20 cm 的混凝土墙的临界频率为 100 Hz；柔顺而薄的构件，如各种金属或非金属薄板，临界吻合频率则出现在高频段，2 mm 厚钢板的临界频率约为 6 300 Hz。

综上所述，单层匀质构件的隔声特性主要由其面密度、劲度和阻尼等因素决定，并与入射声波的频率及入射角有关。图 5—7 是单层匀质构件的一般隔声特性曲线，按频率可以分为三个区域，即劲度阻尼控制区（Ⅰ）、质量控制区（Ⅱ）、吻合效应和质量控制延续区（Ⅲ）。

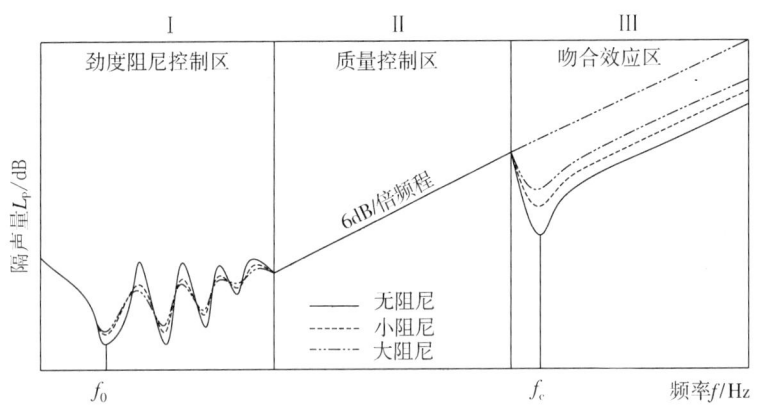

图 5—7　单层匀质构件隔声频率特性曲线

当声波频率低于构件共振频率时，构件层对声波作用的反应就像一个弹簧，其振动速度反比于 k/f，k 为构件的劲度，f 为声波频率。板材隔声量与劲度成正比，所以称这个范围为劲度控制区。在这个区域，构件的隔声量随频率的增加，以每倍频程 6 dB 的斜率下降。

在劲度控制区的下端，存在一个共振区，共振区的隔声量下降到最小。共振区有一系列共振频率 f_n，其中影响最大的是第一共振频率。对于隔声材料，人们总是希望这个区域越小越好，实际共振区的宽度取决于构件的材质、形状、支撑方式和构件自身的阻尼大小。从图 5—7 可以看出，机械阻尼越大，对共振的振幅抑制作用越强，从图形上看，共振区范围缩小了。

随着声波频率的提高，共振的影响逐渐消失，板材振动速度开始受板材惯性质量（单位面积质量）的影响，即进入质量控制区。在质量控制区，板材面密度越大，受声波激发的振动速度越小，隔声量越大；频率越高，隔声量也越大。通常采用隔声结构降低噪声，一般应根据噪声的频率特性和降噪需要来选择隔声材料或结构，以发挥质量控制的作用，使其在相当的频率范围内取得有效的隔声效果。

图 5—7 中的第二个低谷是由于在某个频率上隔声板材与声波产生吻合效应而形成的隔声量大幅度下陷区。该区下陷频率是质量控制区的上限频率，俗称为临界频率 f_c。增加板材的阻尼可使隔声量的下降趋势得到减缓。

从图 5—7 中可看出对共振频率的要求，如果隔声材料的共振频率发生在听觉频率范围内，那么隔声材料的隔声性能必然受到极大影响。为了有效隔绝噪声，应当使隔声材料或构件的共振频率低于听觉范围。一般土建材料如砖、钢筋混凝土等构成的墙体，共振频率一般低于听阈，可以不予考虑。但是，对于以金属板材作为主要隔声材料的构件，其最低共振频率可以分布在听阈内，此时必须考虑它们的共振频率及其影响。金属板材的共振频率与材料的几何尺寸、物理性质和安装方式有关。

几种材料的物理参数见表 5—3。将已知物理参数 ρ、E 和板厚 D 代入相应公式，可以计算得到吻合频率。

表 5—3 几种材料的物理参数

材料名称	E（kgf/m²）	ρ（kg/m³）	ρ/E（1/m）
钢	20.0×10^2	7.8×10^2	0.39×10^{-6}
铝	7.2×10^2	2.7×10^2	0.38×10^{-6}
砖	2.5×10^2	1.8×10^2	0.75×10^{-6}
混凝土	2.5×10^2	2.6×10^2	1.04×10^{-6}
玻璃	4.3×10^2	2.4×10^2	0.56×10^{-6}

二、双层构件的隔声

由隔声质量定律可知，若想提高单层匀质构件的隔声量，只能通过增加构件的面密度或厚度实现。而构件厚度增加至原厚度的 10 倍，隔声量也只能增加约 16 dB，因此，通过增加构件厚度得到较大的隔声量是不经济的。实践中，双层构件材料中间留出一定距离的空气层，其隔声量比面密度相同的单层构件会提高许多。

1. 双层构件的隔声原理

双层构件的隔声原理与单层构件原则上是一样的，只是这时声波要依次透过四个分界面，运用声学边界条件就得到 8 个方程，求解过程非常烦琐。为简化求解过程，可假设构件层的厚度相对入射声波波长足够薄，以至每层构件中包括两边界面在内的所有质点的速度均相同，则可以认为构件像活塞一样做整体振动。这样简化的讨论结果虽然有局限性，但对双层构件隔声机理的定性理解和定量结构设计具有一定实用价值。

设两层构件彼此平行，相距为 D，在空气中无限延伸，声波自左向右垂直射向构件，则在构件层前后存在

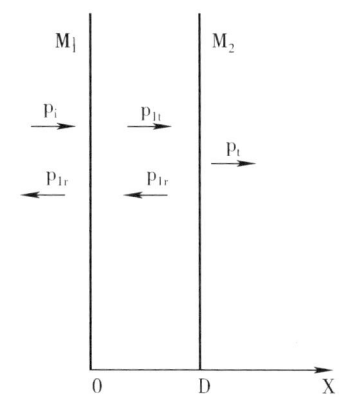

图 5—8 双层构件的声波透射和反射

如图 5—8 所示的各列平面声波。

按图 5—8 选取坐标，则各列波可分别表示为：

$$\begin{cases} p_i = p_{iA} e^{-jkx} \\ p_r = p_{rA} e^{jkx} \\ p_{1t} = p_{1tA} e^{-jkx} \\ p_{1r} = p_{1rA} e^{jkx} \\ p_t = p_{tA} e^{-jk(x-D)} \end{cases} \tag{5—20}$$

由于作用于同一层构件两侧的声压不相等，将使构件层产生运动，在 $x=0$ 处构件 a 的运动方程为：

$$M_1 \frac{dv_x}{dt} = (p_{iA} + p_{rA}) - (p_{1tA} + p_{1rA}) \tag{5—21}$$

式中，M_1 为构件 a 单位面积的质量，kg/m^2；v_x 为构件层法向质点振动的速度，m/s。根据相应条件有：

$$v_x = \frac{p_{iA} - p_{rA}}{R_0} = \frac{p_{1tA} - p_{1rA}}{R_0} \tag{5—22}$$

式中，$R_0 = \rho_0 c$ 为空气的特性阻抗。

由于 v_x 是简谐变化的，$\frac{dv_x}{dt} = j\omega v_x$，将此式和式（5—22）代入式（5—21），得：

$$\frac{j\omega M_1}{R_0}(p_{iA} - p_{rA}) = \frac{j\omega M_1}{R_0}(p_{1tA} - p_{1rA}) = (p_{iA} + p_{rA}) - (p_{1tA} + p_{1rA}) \tag{5—23}$$

类似地讨论 $x=D$ 处构件 b 的运动，可得到：

$$\frac{j\omega M_2}{R_0}(p_{1tA} e^{-jkD} - p_{1rA} e^{jkD}) = \frac{j\omega M_2}{R_0} p_{tA} = (p_{1tA} e^{-jkD} + p_{1rA} e^{jkD}) - p_{tA} \tag{5—24}$$

联立式（5—23）和式（5—24），经过代数运算，可以得到入射声波与透射声波的声压比

$$\frac{p_{iA}}{p_{tA}} = \left(1 + \frac{j\omega(M_1+M_2)}{2R_0}\right)\cos kD + j\left[1 + \frac{j\omega(M_1+M_2)}{2R_0} - \frac{1}{2}\frac{\omega^2 M_1 M_2}{R_0^2}\right]\sin kD \tag{5—25}$$

双层构件的隔声量为：

$$R = 10\lg \left|\frac{p_{iA}}{p_{tA}}\right|^2 \tag{5—26}$$

$$R = 10\lg \left\{\left(1+\frac{j\omega(M_1+M_2)}{2R_0}\right)\cos kD + j\left[1+\frac{j\omega(M_1+M_2)}{2R_0} - \frac{1}{2}\frac{W^2 M_1 M_2}{R_0^2}\right]\sin kD\right\}^2$$

在低频时，有 $\cos kD \approx 1$，$\sin kD \approx 0$，则式（5—26）可简化为：

$$R \approx 10\lg\left\{1 + \left[\frac{\omega(M_1+M_2)}{2R_0}\right]^2\right\} \tag{5—27}$$

这里相当于空气层不起作用，两层构件层的隔声量与两层合在一起的单层构件隔声量一样。

在中频时，有 $\sin kD \approx kD$，$\cos kD \approx 1$，且构件质量相同，即 $M = M_1 = M_2$，则隔声量可以表示为：

$$R \approx 10\lg\left\{\left(1 - \frac{\omega kDM}{R_0}\right)^2 + \left[\frac{\omega M}{R_0} - \frac{1}{2}kD\left(\frac{\omega M}{R_0}\right)^2\right]^2\right\} \tag{5—28}$$

双层结构共振频率为：

$$f_0 = \frac{c}{2\pi}\sqrt{\frac{\rho_0}{D}\left(\frac{1}{M_1}+\frac{1}{M_2}\right)} \tag{5—29}$$

式中，ρ_0 是空气的密度，c 为声速。

在高频时，有 $\frac{\omega M}{R_0} \gg 1$，隔声量可以表示成

$$R \approx 20\lg\frac{\omega M_1}{R_0} + 20\lg\frac{\omega M_2}{R_0} + 20\lg\frac{kD}{2} \tag{5—30}$$

2. 双层构件隔声量计算的经验公式及设计时应注意的问题

按理论公式计算双层构件隔声量，不仅复杂而且计算误差较大。隔声量的经验计算公式为：

$$R = 20\lg\frac{(M_1+M_2)\omega}{2\rho_0 c} + \Delta R \tag{5—31}$$

式中，M_1、M_2 分别为两层构件的面密度（kg/m²）；ΔR 为空气层引起的附加隔声量。附加隔声量 ΔR 与空气层厚度的关系可参照有关实验数据确定。

由于空间的限制，在设计双层隔声结构时，尤其是双层金属板、木板、石膏板等轻结构，空气层不可能太厚，所以附加隔声量一般在 15 dB 以下。

双层隔声结构也有共振和吻合效应的不利影响。在共振状态中，两层构件与夹层的空气振幅最大，几乎产生声全透射现象。与单层构件相似，构件的阻尼大，能够抑制共振强度，减少声透射，反之亦然。双层隔声构件只是在系统共振频率以上才显现出隔声的优越性，对于常用的面密度较大的砖、混凝土等材料构成的双层隔声构件，其共振频率一般不超过 30~50 Hz，因此对隔声影响不大。但对一些由薄钢板、纤维板构成的双层轻质结构（m≤30 kg/m²），其共振频率很可能为 100~300 Hz，使得隔声效果大为降低，这是在双层隔声结构设计中必须考虑的问题。

如果双层构件采用厚度相同的同种材料，那么双层构件的临界频率与单层构件的临界频率相同，并在这个频率上产生吻合效应，隔声量下降。为避免吻合低谷太深，可设计两层构件的厚度不同，以使双层构件的临界吻合频率互相错开。在双层构件中填充吸声材料，可进一步提高平均隔声量，也能改善双层结构共振频率和临界吻合频率下的隔声性能。

设计和设置双层隔声结构时还应注意尽量不使双层构件有刚性接触，以免由于振动的传递而使夹层的空气或吸声材料失去作用。这种双层构件的刚性连接称为声桥。为避免形成声桥或减弱声桥的作用，除将双层构件的边缘固定之外，在两构件之间不宜再加支撑物体。如工程需要在两构件之间加支撑物，则应使用弹性支撑。

第三节　隔声设计

一、非单一结构的隔声计算

有的隔声结构由几个隔声量不同的部件组合而成，该组合构件的隔声量由声透射系数决

定，组合构件的隔声量由组合构件的平均声能透射系数决定。设构件分别由面积为 S_1、S_2、…、S_n，相应声能透射系数分别为 τ_1、τ_2、…、τ_n 的部件组成，则组合构件的平均透射系数为：

$$\bar{\tau} = \frac{\tau_1 S_1 + \tau_2 S_2 + \cdots + \tau_n S_n}{S_1 + S_2 + \cdots + S_n} = \frac{\sum_{i=1}^{n} \tau_i S_i}{\sum_{i=1}^{n} S_i} \tag{5—32}$$

组合构件的平均隔声量为：

$$R = 10 \lg \frac{1}{\bar{\tau}} \tag{5—33}$$

为了评价各个组成部分对非单一结构的隔声影响，则将各部分的透声系数与其透声面积的乘积 $\tau_i S_i$ 定义为透声度。由式（5—33）可知，总的透声度越小，则组合构件的隔声量越大，而平均隔声量基本是由透声度 $\tau_i S_i$ 最大的构件决定的，如果 $\tau_i S_i$ 比其他部分构件的透声度相对要大得多，则其他构件的透声度 $\tau_1 S_1$、$\tau_2 S_2$、…几乎可以忽略。

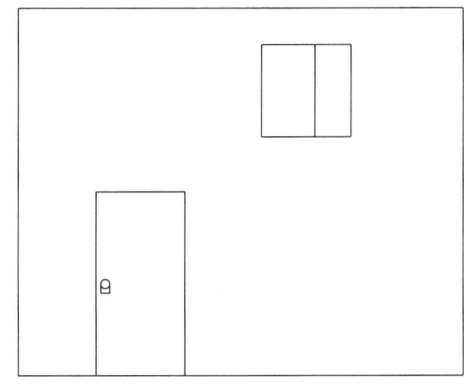

图 5—9　非单一结构组合示意图

如图 5—9 所示，某 240 mm 厚的砖墙，面积为 20 m²，隔声量为 50 dB，其上设置普通门，面积为 2 m²，隔声量为 20 dB，又设置观察窗，面积为 1 m²，隔声量为 40 dB，则此组合墙的隔声量为：

$$R = 10 \lg \frac{1}{\bar{\tau}} = 10 \lg \frac{20}{17 \times 10^{-5} + 2 \times 10^{-2} + 10^{-4}} \approx 30 \text{ dB}$$

即此组合墙的隔声量由门的隔声量决定，要提高此组合墙的隔声，必须设法提高门的隔声量，否则再去提高墙与窗的隔声量，意义不大。

如果把普通门改用隔声门，隔声量提高为 35 dB，则组合墙的隔声量便由 30 dB 提高为 43 dB。

组合构件的设计究竟怎样才算合理？只有使各个组件的透声度基本相当时（即 $\tau_1 S_1 \approx \tau_2 S_2 \approx \tau_3 S_3 \approx \cdots$），才能充分发挥各个组件的隔声能力。这就是所谓等透声量的设计原则。在实际工程中，不要使门窗的隔声量与墙的隔声量相差太悬殊。

二、孔洞、缝隙对隔声量的影响

孔洞和缝隙对构件的隔声有极大的影响,由于声波的衍射作用,即使占有墙体面积很小,也会大大降低构件的总隔声量,在工程中经常有因为孔洞与缝隙未很好处理而导致隔声效果大幅下降的事例。

按照声学原理,由于低频时波长较长,故透过小孔的声能比高频要少些。作近似计算时,透射系数均取为1。按此结果可知,当构件开孔率为1%时,构件的隔声量不超过20 dB,当构件开孔率为10%时,构件的隔声量不超过10 dB。

孔洞对隔声的影响主要在高频,随着孔洞的加大,高频隔声量逐渐下降,同时向中低频扩展;缝隙对隔声的影响要比孔洞更为严重,隔声量不仅在高频,而且在中低频均有极大的降低。

在工程实际中,应注意某些墙体抹灰后,墙的隔声量有明显的增加,这并非完全是抹灰层起的作用,而是原有墙体砌缝不严,有细缝小孔漏声的缘故。有些测试中,抹灰后墙体平均隔声量提高5~9 dB,这是一种虚假现象,并不真正代表抹灰层的隔声作用。

三、隔声罩

隔声罩是将噪声源封闭在一个小空间内,以减少其对外辐射噪声的围护结构。衡量隔声罩的声学效果通常用"插入损失"表示,计算公式为:

$$L_{IL} = 10\lg\left(\frac{\bar{\alpha}}{\bar{\tau}}\right) \qquad (5—34)$$

式中,$\bar{\alpha} = \dfrac{\sum S_i \alpha_i}{\sum S_i}$ 表示罩内表面的平均吸声系数,S_i 与 α_i 分别表示不同内表面面积和相应的吸声系数。

$\bar{\tau} = \dfrac{\sum S_i \tau_i}{\sum S_i}$ 表示隔声罩的平均透声系数,S_i、τ_i 分别表示构成隔声罩不同材料的面积与相应的透声系数。

在一般情况下,$\bar{\tau} < \bar{\alpha} < 1$,即隔声罩的隔声量为正值。需要考虑两种极端情况:

(1) $\bar{\alpha} = 1$,这时有:

$$L_{IL} = 10\lg\frac{\bar{\alpha}}{\bar{\tau}} = 10\lg\frac{1}{\bar{\tau}}$$

说明当隔声罩的隔声量与其材料平均固有隔声量相等时,由这种材料构成的隔声罩的隔声量达到最大值。

(2) $\bar{\alpha} = \bar{\tau}$,这时有:

$$L_{IL} = 10\lg\frac{\bar{\alpha}}{\bar{\tau}} = 0$$

说明当隔声罩内的平均吸声系数小到与平均透射系数相等时,则隔声罩的隔声量等于零。

一般来说，由于隔声罩内的空气吸声、声波掠入射在罩内表面时的黏滞损失及声波接近罩内表面由绝热到等温压缩的变化引起的声能损失等因素，往往使得平均吸声系数大于透射系数。

实际经验给出：

(1) 罩内无吸收时，$L_{IL} \approx R - 20$（dB）。
(2) 罩内略有吸收时，$L_{IL} \approx R - 15$（dB）。
(3) 罩内强吸收时，$L_{IL} \approx R - 10$（dB）。

设计隔声罩时，除可采取质轻，隔声性能良好的复合结构外，还需在罩内附加吸声系数较高的吸声衬贴。有些机器，必须考虑通风散热，罩壳不能全封闭，对于进气和出气应尽可能小，或使气流通过狭长吸声通道，以保证其降噪量不低于密闭罩的插入损失。

对于紧靠机器而装设的隔声罩，在某些情况下会出现隔声量是负值的现象，即隔声罩非但不隔声反而会扩大声音。这种现象是由于隔声罩内产生了驻波（空气共振）的缘故，这种振动又恰恰与罩板的共振频率吻合，使隔声罩或其一部分成为宜于辐射噪声的扩声板。尤其当机器设备的一个平面与隔声罩的一个面相互平行时，更容易产生这种现象。为避免出现这种不利现象，设计隔声罩时既要考虑罩子的形状，也要合理贴衬吸声材料，以消除某一频率的驻波。为消除驻波，吸声材料的厚度要控制在不小于相应声波波长的1/4。

四、隔声门、窗

在维护结构与隔墙上，设有门窗的部位，往往是隔声的薄弱环节。这是由于门窗需要经常开启，门扇与窗扇必须轻便灵活，避免采用重的隔声材料与隔声结构。同时，无论怎样严密处理，也难免留有必要的门缝与窗缝。缝隙对隔声的影响极大，因此，处理好门缝与窗缝更困难。门框、窗框与墙体之间的缝隙也需要处理好，但只要施工注意，是比较容易解决的。

一般地说，普通不作隔声处理的可开启的门窗，平均隔声量很难达到 20 dB 以上。对于隔声门，如果要求平均隔声量达到 40 dB 以上，就需要作专门的设计。平均隔声量在 30～40 dB 之间，就是有较好隔声性能的门；如果平均隔声量为 25 dB，应算作普通的隔声门。对于固定不开启的隔声窗，要求大致和隔声门相仿。

五、隔声屏

声屏障是使声波在传播途径中受到阻挡，从而达到某特定位置上的降噪作用的一种装置。它可用于混响声较低，局部噪声、声源噪声较高的车间内，特别是在繁忙的交通干道两侧。

噪声在传播途径中遇到障碍物，若障碍物尺寸远大于声波波长时，大部分声能被反射，一部分衍射，于是在障碍物背后一定距离内形成"声影区"，其区域的大小与声音的频率有关，频率越高，声影区范围越大。由波的衍射理论计算，屏障后面衍射声场中的声压均方值为：

$$p_b^2 = p_d^2 \sum_{i=1}^{n} \frac{1}{3+20N_i} = p_d^2 \cdot D \qquad (5-35)$$

式中，p_d 为无屏障时测点的声压有效值，$D = \sum_{i=1}^{n} \frac{1}{3+20N_i}$ 称为衍射系数，N_i 为菲涅

耳数，定义为：

$$N_i = \frac{2\delta_i}{\lambda} \quad (5-36)$$

式中，δ_i 为从声源到接收点之间的衍射路程与直达路程之差，衍射路程就是从声源经屏障边缘到达接收点的最短路程。如果屏障为有限长，声波可以从屏障顶端和两侧三个途径衍射到接收点，则 $i = 1、2、3$，均方声压为三项之和。

从室内声压级的推导得知，直达声的声压均方值为：

$$p_d^2 = W\rho c \frac{Q}{4\pi r^2}$$

式中，Q 为声源指向性因数因此衍射声压的均方值，由式（5—35）可得：

$$p_b^2 = W\rho c \frac{DQ}{4\pi r^2} \quad (5-37)$$

而室内混响声场很少受屏障影响（假定屏障吸声不大），室内接收点因屏障的设置而引起的声压级降低量称插入损失 L_{IL}。可见，插入损失随路程差的减少而降低，当 D 很小时，声屏障的插入损失就较大。

在室外，如果屏障很长，两侧边的衍射影响可以略去，则

$$L_{IL} = -10\lg \left(\frac{\lambda}{3\lambda + 20\delta_i} \right) \quad (5-38)$$

式中 δ_i 为声波从屏障顶端衍射时的声程差。如图 5—10 所示，S 为声源，R 为接收点，H 为自声源至屏障顶端的高度，r 和 d 分别为声源和接收点到屏障的距离，由图 5—10 可得

$$\delta_i = (r^2 + H^2)^{1/2} + (H^2 + d^2)^{1/2} - (r + d)$$

$$= r\left[(1 + \frac{H^2}{r^2})^{1/2} - 1 \right] + d\left[(1 + \frac{H^2}{d^2})^{1/2} - 1 \right]$$

假定有 $d \gg r \gg H$，对上式展开后所取近似值

$$\delta_i \approx r\left[(1 + \frac{H^2}{r^2})^{1/2} - 1 \right] \approx \frac{H^2}{2r} \quad (5-39)$$

于是有：

$$L_{IL} \approx \left[\frac{\lambda}{3\lambda + (\frac{20H^2}{r})} \right] \approx 10\lg \frac{20H^2}{\lambda r} \approx 10\lg \frac{H^2}{r} + 10\lg f - 12 \quad (5-40)$$

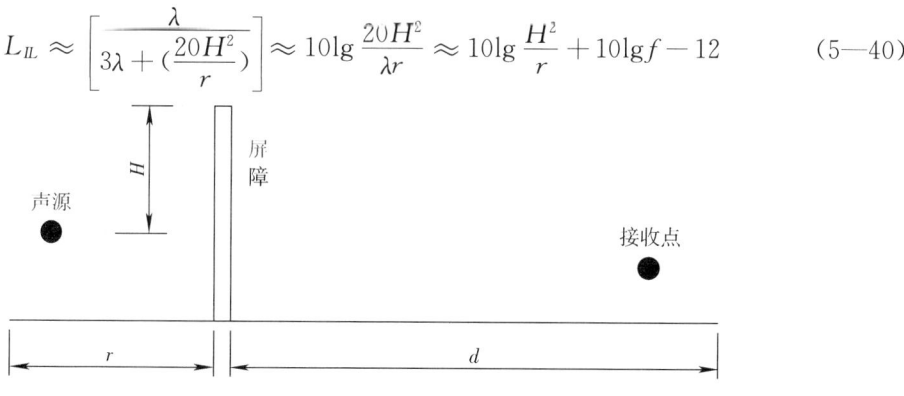

图 5—10　无限长屏障示意图

式（5—40）中假定 $10H^2/r \gg 3\lambda$。以上结果适用于点声源，对于线性声源，如密集的车流，则 $L_{Ⅱ}$ 比点源算出的约低 5～10 dB。当屏障用于室内空间时，室内须作吸声处理，但即使在最理想的环境中，屏障的插入损失不会超过 24 dB。

屏障后面的声场，除了衍射部分外，还要考虑声波的透射作用，因此，实际屏障对噪声总的降低量与屏障的传声损失有关。设投射到屏障上的声强为 I_0，则透射到另一边的声强应为 $I_t = I_0 10^{-L_{TL}/10}$，衍射声强为 $I_d = I_0 10^{-L_{IL}/10}$，因此，接收点的总声强度为：

$$I = I_t + I_d = I_0 10^{-L_{TL}/10} [1 + 10^{-(L_{TL}-L_{IL})/10}] \tag{5—41}$$

上式表明，要使噪声降低量 NR 大，第二项就应尽量小，亦即要求 L_{TL} 比 L_{IL} 大得多，当 $L_{TL} - L_{IL} \geqslant 9$ dB 时，透射声对屏障声衰减的影响就小于 0.5 dB，可以忽略不计。

屏障的高度应大于声波波长，用于点声源时，屏宽比屏高大出 5 倍以上，就可近似作为无限长屏障处理。

六、管道噪声的隔绝

管道有两种，一种是输送液体的管道，如上下水管等；另一种是输送气体的管道，如通风管道等。由于上下水管道管壁较厚，在压力变化较小、流速不高的情况下，水流产生的噪声不大。对于某些高噪声的给排水管道，可以采用集中安置在隔声竖井中的方法加以解决。

通风管道又可分为矩形管道和圆形管道两种，矩形管道在风速很高时，管壁可看做为平板，其隔声性能基本符合质量定律；圆形管道在声波的激励下产生的振动方式与平板不全相同，这主要是圆形管道存在管截面的最低共振频率，常称为自鸣频率，记为 f_r（Hz），计算公式为：

$$f_r = \frac{C_L}{100\pi d}$$

式中 C_L——管壁中纵波的传播速度，m/s；

d——标称管径，mm。

在自鸣频率 f_r 以上，圆管的隔声量与平板的隔声量几乎一样，在自鸣频率以下，圆管的隔声量根据情况而定。

管道本身虽有一定的隔声量，但由于管壁都较薄，使管内的噪声透射和辐射出来。为了增加管道的隔声量，可以采用管外包扎隔声材料的方法。管道包扎一般由两层材料构成，内层为较软的吸声材料，常用的有玻璃棉、矿棉、岩棉等；外层为隔声材料，常用的有薄金属材料、铅皮、氯丁橡胶等。一般管道隔声包扎的高频隔声效果较显著，低频隔声效果较差。

第四节 常用隔声材料

下面列出常用隔声材料的隔声量，见表 5—4。

表 5—4　　常用墙板隔声量

序号	名称	面密度/(kg/m²)	隔声量/dB						$\bar{R}$	R_W
			125	250	500	1 000	2 000	4 000		
1	铝板 $t=1$	2.6	13	12	17	23	29	33	21	22
2	铝板 $t=2$	5.2	17	18	23	28	32	35	25	27
3	钢板 $t=1$	7.8	19	20	26	31	37	39	28	31
4	钢板 $t=1.5$	11.7	21	22	27	32	39	43	30	32
5	钢板 $t=2$	15.6		26	29	34	42	45	34	35
6	钢板 $t=2.5$	19.5	29	31	32	35	41	43	34	35
7	钢板 $t=3$	23.4	28	31	32	35	42	32	33	35
8	钢板 $t=4$	31.2	31	34	36	37	41	33	35	37
9	纸面石膏板 $t=12$	8.8	14	21	26	31	30	30	25	28
10	无纸石膏板 $t=20$	24	29	27	30	32	30	40	31	31
11	加气砌块墙 $t=75$（抹灰）	70	30	30	30	40	50	56	39	38
12	加气条板墙 $t=100$（喷浆）	80	33	32	32	40	48	60	39	39
13	加气砌块墙 $t=150$（抹灰）	140	29	36	39	46	54	55	43	44
14	加气条板墙 $t=200$（喷浆）	160	31	37	41	45	51	55	43	46
15	粉煤灰加砌块墙 $t=120$（抹灰）	—	29	33	36	40	47	51	39	40
16	粉煤灰加砌块墙 $t=240$（抹灰）	—	35	39	42	52	52	53	45	47
17	矿渣三孔空心砖墙 $t=100$（抹灰40）	120	30	35	36	43	53	51	40	43
18	矿渣三孔空心砖墙 $t=210$（抹灰20）	210	33	38	41	46	53	52	43	46
19	黏土空心砖 $t=240$（抹灰共30）	289	39	42	44	47	56	<u>52</u>		48
20	黏土空心砖 $t=240$（抹灰共30）	380	42	45	46	51	60	<u>61</u>		51
21	混凝土空心砌块 $t=190$（抹灰共40）	299	39	40	42	49	49	<u>49</u>		47
22	承重装饰空心砌块 $t=280$（单面抹灰）	332	40	41	47	52	55	<u>56</u>		50
23	陶粒混凝土空心砌块 $t=240$（共抹40灰）	273	42	44	50	55	57	59		53
24	砖墙 $t=60$（煤屑粉刷）	160	26	30	30	34	41	40	32	35
25	砖墙 $t=120$（抹灰）	240	37	34	41	48	55	53	45	47
26	砖墙 $t=240$（抹灰）	480	42	43	49	57	64	62	53	55
27	砖墙 $t=370$（抹灰）	700	40	48	52	60	63	60	53	57
28	砖墙 $t=490$（抹灰）	833	45	58	61	65	66	68	61	62

注：表中带"＿"的数据为 3 150 Hz 测得的。

参 考 文 献

［1］中国建筑科学研究院建筑物理研究所主编．建筑围护结构隔声．北京：中国建筑工业出版社，1980

［2］马大猷．噪声与振动控制工程手册．北京：机械工业出版社，2002

［3］杜功焕，朱哲民，龚秀芬．声学基础．南京：南京大学出版社，2001

［4］方丹群，王文奇，孙家麒．噪声控制．北京：北京出版社，1986

［5］建筑隔声评价标准（GB/T 50121—2005）

第六章 消声器

第一节 消声器的种类与性能指标

一、消声器的种类

随着消声器的研究和应用技术的不断发展，消声器的种类也日益繁多，其原理、形式、规格、材料、性能以及用途等各不相同，按其消声特性可分为阻性消声器、抗性消声器、复合式消声器、有源消声器等。表6—1列举了常见消声器基本类型和各自性能特点。

表6—1　　　　　　　　　常见消声器基本类型和性能

类别	形式	消声器性能	主要用途
阻性消声器	管式、片式、蜂窝式（列管式）、折板式、声流式、弯头式（消声弯头）、小室式、百叶式	中高频	通风空调系统管道、机房进出风口等
抗性消声器	扩张式（或膨胀式）、共振式、微穿孔板式、干涉式	中低频	柴油机等以中低频噪声为主的设备噪声
复合式消声器	阻抗复合式、阻性及共振复合式、抗性及微穿孔板复合式	宽频带	宽频带噪声
有源消声器	前馈式、反馈式	低频	低频噪声的通风管道

二、消声器性能评价指标

消声器性能的评价指标包括声学性能、空气动力性能及气流再生噪声特性3个主要指标，同时也应注意到消声器的适用范围、造价、构造与尺寸等性能指标。只有对上述各种因素进行综合评价，才能做出比较合理的选择。

1. 声学性能评价

消声器声学性能的优劣通常用消声量的大小以及消声频谱特性来表示，其中，主要包括计权声级（A声级或者C声级）消声量及各频带（倍频程或者1/3倍频程）消声量。根据测量方法的不同，消声器声学性能的评价指标可分为传声损失、插入损失等。通常所称的消声量一般均指传声损失。

（1）传声损失

传声损失也称传透损失或者透射损失，其定义为消声器进口端的入射声功率级和出口端的声功率级的差值，其数学表达公式为：

$$L_{TL}=10\lg(W_1/W_2)=L_{w_1}-L_{w_2} \tag{6—1}$$

式中 W_1，W_2——消声器入口与出口端的声功率，W；

L_{w_1}，L_{w_2}——消声器入口与出口的声功率级，dB。

（2）插入损失

插入损失定义为装消声器前后在消声器末端给定某点（包括管道内和管口外）测得的平均声压级的差值，即

$$L_{IL}=L_{p_1}-p_{p_2} \tag{6—2}$$

以上两种评价指标中，传声损失反映了消声器自身的声学特性，不受测量环境的影响，而插入损失会受到测量条件包括测点距离、方向以及管口反射等因素的影响。因此，在评价消声器的声学指标时，必须说明所采用的测量方法以及环境条件。

消声器声学性能的评价指标分为静态消声器性能和动态消声性能。静态消声器性能是指在消声器内无气流通过而仅用扬声器发出标准声源（如白噪声或粉红噪声）条件下测得的消声量；动态消声性能是指在消声器内有气流通过即用空气动力设备（如风机或风机加扬声器）做声源条件下测得的消声量。

2. 空气动力性能评价

空气动力性能是评价消声器性能的又一个重要指标，也是消声器设计中应考虑的一个重要因素。如果一个消声器消声器性能很好，但安装在管道系统中后，由于空气动力性能差、阻力太大而导致管道系统不能正常运转，则此消声器也不能应用。消声器的空气动力性能评价指标通常为压力损失或阻力系数。

消声器的压力损失是指气流通过消声器前后所产生的压力降低量，即消声器前后气流全压的差值。由于消声器的压力损失既同消声器的结构形式有关，又同消声器内气流速度有关，因此，在用压力损失表征消声器的空气动力性能时，必须同时标明通过消声器的气流速度。

消声器的阻力系数为通过消声器前后的压力损失与气流动压的比值，即

$$\xi=\frac{\Delta P}{P_v} \tag{6—3}$$

$$P_v=\frac{\rho v^2}{2} \tag{6—4}$$

式中 ΔP——压力损失值，Pa；

P_v——动压值，Pa；

ρ——空气密度，kg/m³。

阻力系数能比较全面地反映消声器的空气动力性能，根据阻力系数可以很方便地求得不同流速下消声器的压力损失。

3. 气流再生噪声特性评价

消声器的气流再生噪声为气流以一定的速度通过消声器时，由于气流在消声器内所产生

的湍流噪声（以中高频为主）以及气流激发消声器部件振动所产生的噪声（以中低频为主）。气流再生噪声的大小主要取决于消声器的结构形式和气流速度。消声器的结构越复杂，气流流向改变越多，消声器内壁面粗糙度越大，则气流噪声越大。气流再生噪声与气流速度一般近似为六次方关系，其经验公式为：

$$L_{WA} = a + 60\lg v + 10\lg s \tag{6—5}$$

式中　L_{WA}——消声器气流再生噪声的 A 声功率级，dB；

　　　a——与消声器结构形式有关并由实验确定的比 A 声功率级，dB；如管式消声器 $a=-5\sim-10$ dB，片式消声器 $a=-5\sim5$ dB，阻抗复合式消声器 $a=5\sim15$ dB，折板式消声器 $a=15\sim20$ dB；

　　　v——消声器内平均气流速度，m/s；

　　　s——消声器内气流通道总面积，m^2。

4. 消声器的适用范围

各类消声器都有自身的特点和适用范围，在选用消声器时应根据消声器的配置环境和部位而定：如在地下或者潮湿的环境下，应采用防潮吸声材料和共振吸声构造或者抗性消声器；在高温条件下，可采用铝合金微穿孔板消声器，或用耐火砖、耐火材料砌筑的室式消声器；如有防尘要求，可选用微穿孔铝板消声器。

5. 造价

在消声要求较高的系统内，消声器占有相当大的数量，消声器的造价对整个系统的投资有比较大的影响，应根据实际条件选择质优价廉的消声器：如建于地面或者楼板上的消声器，尽可能采用土建方式的消声器，如用砖、砌块砌筑的室式消声器，配以多孔吸声材料，不仅消声性能好、频带宽，同时造价很便宜。一般情况下，铝穿孔板、微穿孔板消声器造价最高，镀锌穿孔钢板次之，铝板网、钢板网护面材料则较为低廉。选用时，可根据消声器所处的环境和部位选择不同的消声器以降低成本。

三、消声器性能测量方法与标准

消声器性能的测量应包括声学性能、空气动力性能和气流再生噪声特性三个方面的内容。声学性能的测量又可分为动态测量和静态测量两种方法、现场测量和实验室测量两种条件。其中以实验室测量为主要测量方法。实验室测量方法也因实验装置不同而分为管道法、混响室法、管道半消声室法等。消声器性能测量已有国家标准和国际标准，见表 6—2。

表 6—2　　　　　　　　　　消声器性能测量标准

标准编号	标准名称	国别
GB/T 4760—1995	声学 消声器测量方法	中国
GB/T 16405—1996	声学 管道消声器无气流状态下插入损失测量实验室简易法	中国

续表

标准编号	标准名称	国别
ISO 7235—2004	Acoustics-Laboratory measurement procedures for ducted silencers and air-terminal units-Insertion loss, flow noise and total pressure loss	国际
ISO 11820—1997	Acoustics-Measurements on silencers in situ	国际
ISO 11691—1997	Acoustics-Measurement of insertion loss of ducted silencers without flow-Laboratory survey method	国际
ISO 14163—1998	Acoustics-Guidelines for noise control by silencers	国际

我国消声器测量方法国家标准 GB/T 4760—1995 的测量方法包括实验室和现场两种测量方法，适用于以阻性为主的各种消声器性能测试。其实验室方法可测消声器的传声损失、插入损失、空气动力性能以及气流再生噪声等指标，并可采用混响室法、半消声室法以及管道法测量，其测量装置示意图如图 6—1 所示。

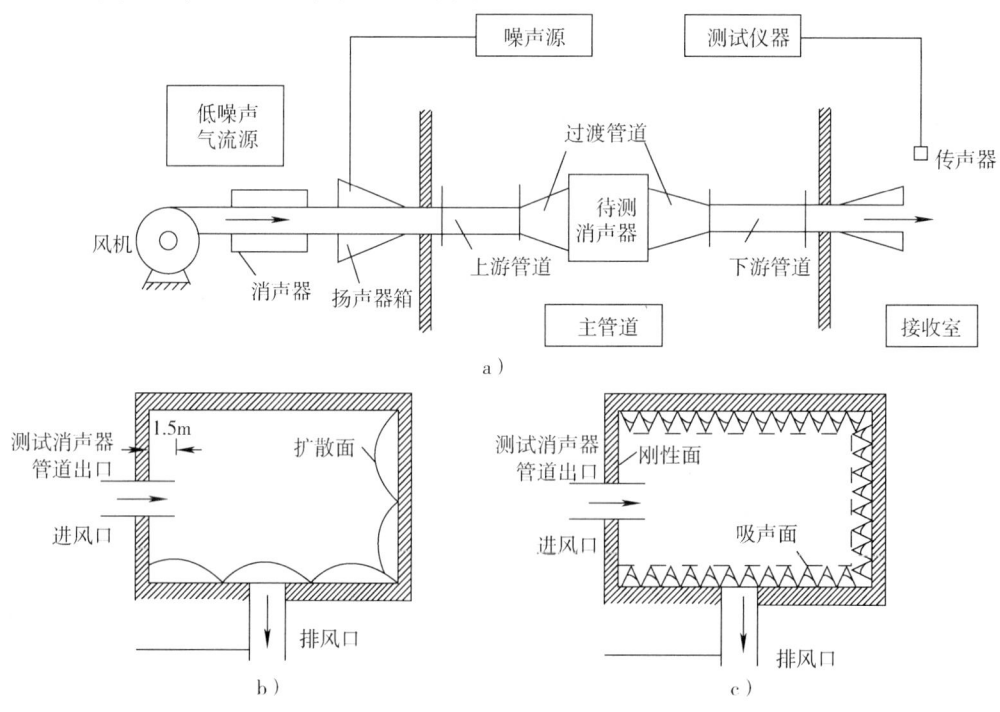

图 6—1 消声器性能测量装置
a) 消声器测量装置图 b) 混响室接收声场图 c) 半消声室接收声场图

第二节 阻性消声器

阻性消声器利用气流管道内的多孔材料吸收声能来降低噪声,是各类消声器中形式最多、应用最广泛的一种消声器,特别是在风机类消声器中应用最多。阻性消声器具有较宽的消声频率范围,在中、高频段消声性能尤为明显。阻性消声器的消声性能主要取决于消声器的结构形式、吸声材料特性、通过消声器的气流速度及消声器的有效长度等。常见的阻性消声器有管式、片式、蜂窝式(列管式)、折板式、声流式、弯头式(消声弯头)、小室式、百叶式等,如图6—2所示。

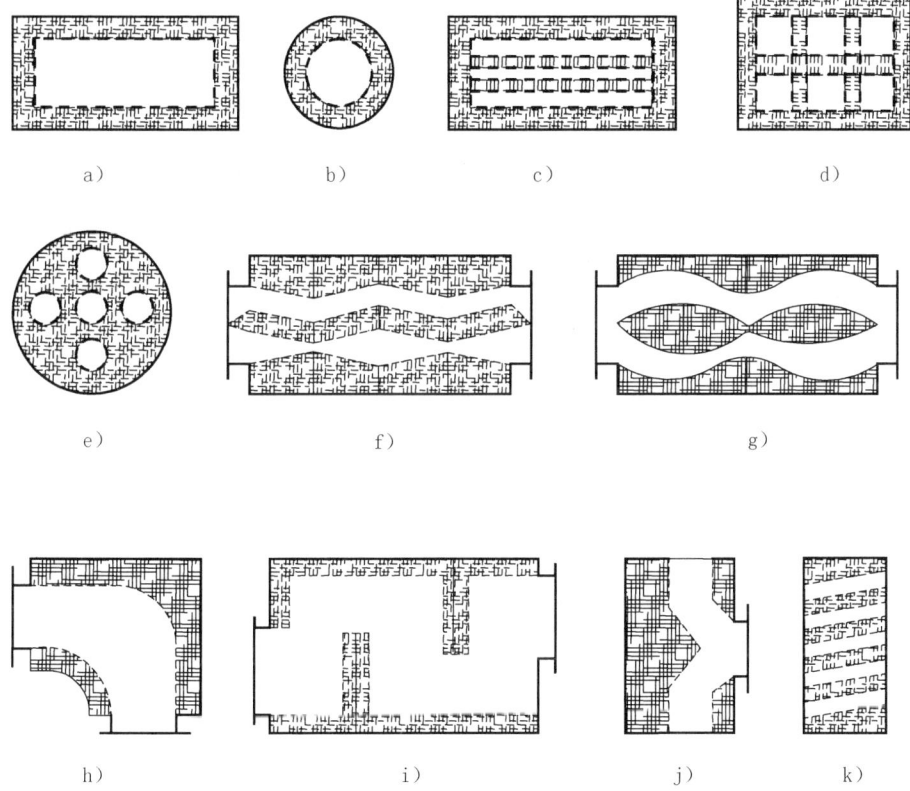

图6—2 常见阻性消声器形式
a)矩形管式 b)圆形管式 c)片式 d)蜂窝式 e)列管式 f)折板式
g)声流式 h)弯头式 i)多室式 j)圆盘式 k)百叶式

阻性消声器消声性能与消声通道的形式、长度以及吸声材料的吸声性能有关,通用的声衰减量如下:

$$\Delta L = K \frac{P}{S} l \tag{6—6}$$

式中 ΔL——消声器声衰减量,dB;

K——与吸声材料系数有关的消声系数；

P——消声器通道截面周长，m；

S——消声器通道截面面积，m^2；

l——消声器的长度，m。

关于消声系数 K 的值，国内外专家曾提出不同的理论或公式，常见的公式见表6—3。

表6—3　　　　　　　　常用阻性消声器消声系数计算公式

序号	计算公式著者	消声系数 K
1	罗杰斯（R. Rogers）	$K=4.34\dfrac{1-\sqrt{1-\alpha_0}}{1+\sqrt{1-\alpha_0}}$
2	别洛夫（A. N. БaLoB）	$K=1.1\Phi(\alpha)$
3	赛宾（H. J. Sabine）	$K=1.05\alpha^{1.4}$
4	席勒（Zellen）	$K=1.5\alpha_0$

但是，实践证明无论哪个公式的计算值往往大于实测值，因此，需结合经验使用上述公式计算值。

当阻性直管式消声器通道截面积较大时，如圆管直径或方管边长大于30 cm，片式消声器的片间距大于25 cm，高频声波将呈束状波直接通过消声器，而很少与管道内壁面吸声层接触，出现"高频失效"的现象。消声量开始明显下降的频率称为"上限失效频率"，其计算公式如下：

$$f_c=1.85\frac{c}{D} \tag{6—7}$$

式中　c——空气中的声速，m/s；

D——通道截面的直径，m；当通道为矩形时，$D=1.13\sqrt{ah}$（矩形边长为 a，h）。

当频率高于 f_c 以后，每增加一个倍频程，其消声量约比在失效频率处的消声量下降1/3。为避免出现高频失效，增加消声器消声频带的宽度，可设计为折板式消声器或声流式消声器。

一、管式消声器

管式消声器即在气流管道内壁加衬一定厚度的吸声材料层而构成的阻性消声器，是阻性消声器中最简单的形式，如图6—3所示。管式消声器制作简单，因此应用也比较广泛，但仅适用于风量很小、风管尺寸较小的系统。对大尺寸管道，其消声性能将显著降低，必须设计采用其他形式的阻性消声器。

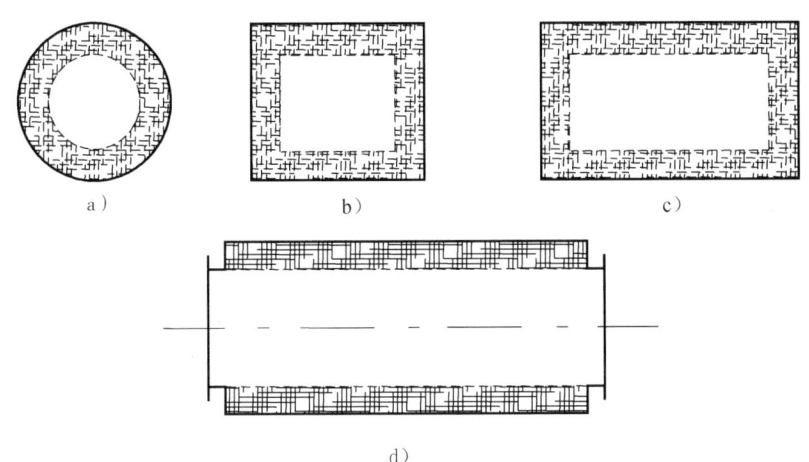

图 6—3 阻性管式消声器
a) 圆管 b) 方管 c) 矩形管 d) 管式消声器的剖面图（长度方向）

二、片式消声器

管式消声器消声量有限，特别是在大尺寸风管系统中。因此，为增大消声量，在大尺寸风管内设置一定数量的吸声片，构成多个扁形消声通道并联的消声器，即称作片式消声器。通过在通风管道中间插入消声片，把通道分成若干个小通道，每个通道面积减小了，提高了上限失效频率；此外，由于通道周长增加了，提高了周长与截面积之比，消声量也得到增加。

阻性片式消声器的消声性能主要取决于消声片的厚度、间距、吸声性能，通过消声器的气流速度及消声器的有效长度等因素。通过减小片间距，可以增大消声量，但会增大气流阻力和气流再生噪声；通过增大消声片厚度或增大吸声材料容重，可增大低频吸声性能，但增大片厚也会带来阻力及体积增大的问题。因此，设计和选择片式消声器时，根据每个系统各个频率所需要的降噪量、风量、风压、可用空间等具体情况综合考虑，确保能满足各方面的要求，取得最佳的综合效果。

三、折板式消声器

直通的管式消声器和片式消声器都存在高频失效的问题，为了避免高频失效现象，将片式消声器的平直形气流通道改成折板形，即成为折板式消声器，如图 6—4 所示。

由于声波在折板式消声器内多次弯折，加大了声波对吸声材料的入射角，提高了吸声效率，达到了改善高频消声性能的效果。当然，折板式消声器的气流阻力也比片式消声器有明显提高。

由于气流阻力和气流噪声较大，因此，选择折板式消声器时，应该特别慎重。在常规的

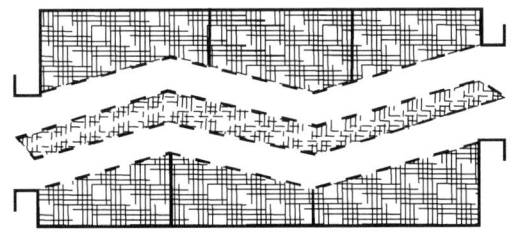

图 6—4 折板式消声器

系统中,由于通常都有一定距离的管道和自然衰减,高频消声量比较充足,大多不需要考虑消声器高频失效问题;只有当风管系统特别短时,才应该考虑,如有的机房回风口直接设置于机房墙面上,没有专门的回风管,此时应采用折板式消声器。

为减小折板式消声器的阻力,将消声通道设计成正弦波形、弧形或菱形等弯曲吸声通道,即组成声流式消声器,它具有消声量高、气流阻力小的特点,但构造较为复杂,应用受到很大的限制。

四、弯头式消声器

在管道弯头内壁加设吸声材料层即为弯头式消声器,也称为消声弯头,如图6—5所示。消声弯头的消声性能首先同弯折角度有关,弯折角度越大,消声量及气流阻力均相应增大。弯头性能还同弯头尺寸大小、断面形状、内壁吸声层用料和构造,以及通过气流速度等因素有关,特别是同弯头通道的净宽度 d 和声波波长 λ 的比值频率参数 η 有关。

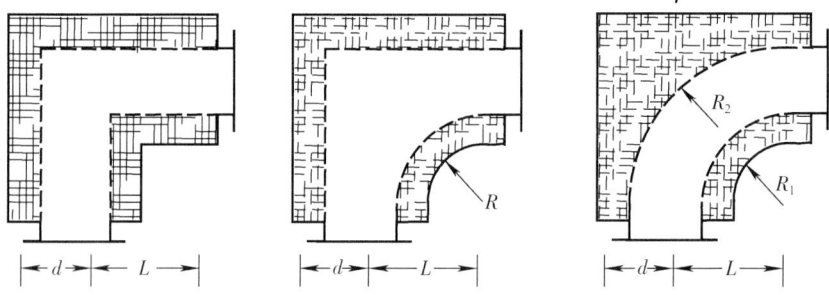

图6—5 三种直角消声弯头

风管系统中,通常存在诸多弯头,因此,将普通弯头改为消声弯头不需要多占用建筑空间即可有效地提高系统消声量,比较适合于空间位置紧张的系统。

不同吸声衬里消声弯头的实测性能见表6—4。

表6—4　　　　　　　　不同吸声衬里消声弯头的实测性能

弯头构造	风速 (m/s)	倍频带消声量/dB						ΔL_A/ dBA	压力损失 /Pa
		125	250	500	1K	2K	4K		
无吸声衬里	3.3	8	15	6	7	8	8	7	2.6
	6.0	6	12	7	5	7	8	8	9.8
有50 mm厚超细棉衬里,棉布饰面	3.3	8	16	19	24	25	23	17	3.7
	6.0	11	14	15	23	26	24	15	11.4
有50 mm厚超细棉衬里,棉布饰面,加导流片	3.3	10	17	18	20	22	17	16	3.9
	6.0	11	19	19	21	24	18	17	10.0
有50 mm厚超细棉衬里,穿孔板饰面	3.3	10	19	18	20	18	20	15	3.6
	6.0	8	14	17	17	17	19	15	11.3

第三节 抗性消声器

抗性消声器是通过管道内声学性能的突变处将部分声波反射回声源方向，或者通过产生共振来吸收部分声能，以达到消声目的的消声器，主要适用于降低低频及中低频段的噪声。抗性消声器最大的优点是不需要使用多孔吸声材料，因此，在耐高温、抗潮湿、流速较大、洁净程度要求较高的条件下，比阻性消声器具有明显优势。抗性消声器又可分为扩张式（或膨胀式）、共振式、微穿孔板式、干涉式等不同类型，以适用于不同的使用条件。常见的抗性消声器如图6—6所示。

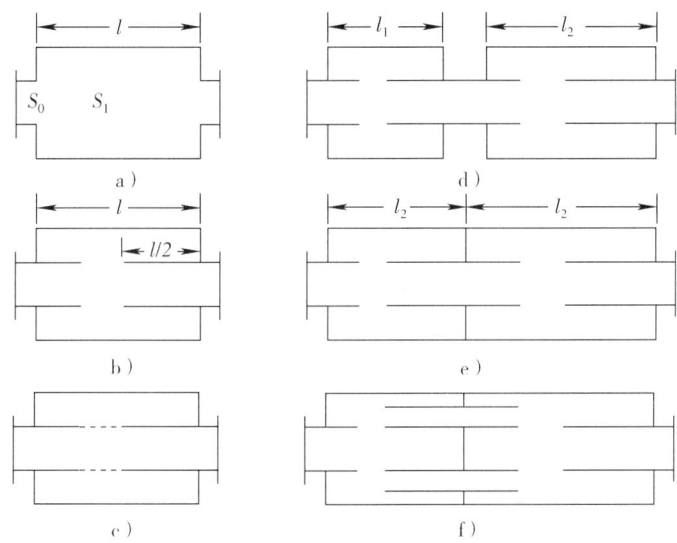

图6—6 常见的抗性消声器形式
a) 单节膨胀式　b) 改良型单节膨胀式　c) 单节迷宫式
d) 多节共振式　e) 双节双层微穿孔板式　f) 共振性管式

一、扩张式消声器

抗性消声器的消声性能主要与抗性膨胀室的膨胀比 m 以及膨胀室的长度 l 有关，膨胀比决定抗性消声器消声量的大小，膨胀室长度决定消声频率的特性。典型的单节扩张式消声器的消声量可由下式计算：

$$\Delta L = 10\lg\left[1+\frac{1}{4}\left(m-\frac{1}{m}\right)^2\sin^2(kl)\right] \tag{6—8}$$

式中　m——膨胀比，$m=\dfrac{S_2}{S_1}$；

k——声波波数，$k=\dfrac{2\pi}{\lambda}$，其中 λ 为声波波长；

l——膨胀室的长度，m。

由式（6—8）可知，抗性消声器消声量 ΔL 与 $\sin(kl)$ 有关，单节抗性消声器的消声量将随频率而周期性变化:当扩张室的长度为1/4波长的奇数倍时,消声量最大;而当扩张室长度为1/2波长的整数倍时,消声量等于零,此时响应的频率称为"通过频率"。扩张式消声器消声频谱特性如图6—7a所示,其消声量存在波峰与波谷,呈非连续状态。由于单节抗性消声器存在许多通过频率的缺点,因此,在工程上常采用内接插入管以及多节扩张室串联应用的方法,以消除通过频率。

二、干涉式消声器

声波的干涉就是频率、性质都相同而相位相反的声波相加时所发生的现象。干涉式消声器就是根据声源干涉原理制成的,即设计一定的消声器结构形式,使两个相位相反的声波在消声器中相遇而互相抵消,以达到消声的目的。

典型干涉式消声器消声频谱特性如图6—7b所示,干涉式消声器的消声特性具有很强的频率选择性,即仅对很窄的频带(一般仅为一个1/3倍频程)具有很好的消声性能,因此其适用范围有限,仅对某些具有很强噪声峰值的有调噪声才有效果,而对大量宽频带噪声则不能起到消声作用。

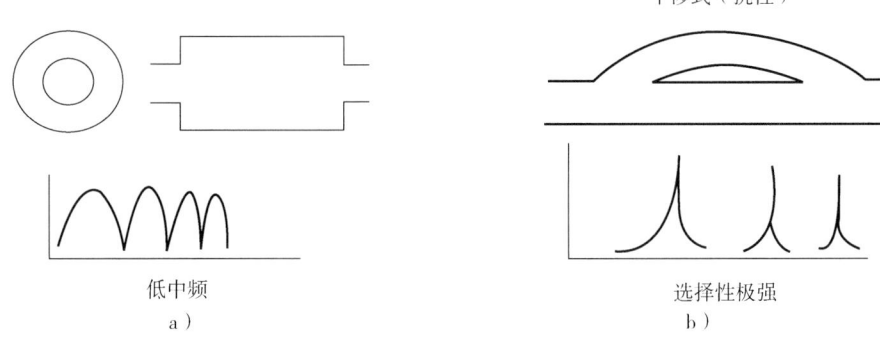

图6—7 抗性消声器典型消声频谱特性
a) 扩张式抗性消声器 b) 共振式抗性消声器

三、共振式消声器

共振式消声器的消声原理是利用声波频率与共振腔固有频率一致时对声能的衰减达到最大进行消声。典型的共振消声器是在消声器内的套管上开孔,采用亥姆霍兹吸声原理达到消声的目的,对低频噪声有较好的消声作用。与扩张式消声器相比,共振式消声器具有消声频带较窄,在共振频率附近消声量较大的特点,适用于具有单峰值频率且峰值较突出的高噪声场合,其消声量频谱如图6—8所示,频率选择性非常强。设计时要求共振式消声器的共振频率与声波的主频率一致。

共振式消声器的消声性能主要取决于共振孔板的结构参数,包括孔径、孔数、板厚、共振腔的体积大小、管道的截面积及气流速度等因素。

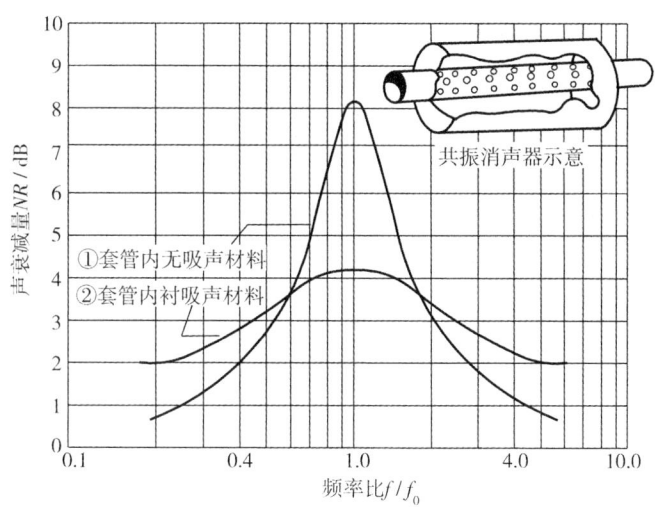

图6—8 共振式消声器典型消声频谱特性

第四节 阻抗复合消声器

复合式消声器是将阻性和抗性消声原理进行组合设计的消声器。阻性消声器虽然具有良好的中高频消声性能，而低频消声性能则较差，且难以提高；而抗性消声器则正好相反。因此，把阻性和抗性两种消声原理合成到一个消声器，就可以在较宽的频率范围内得到满意的消声效果。复合式消声器的结构也比单独的阻性消声器和抗性消声器复杂，加大了设计和制作的难度。几种常见的复合式消声器如图6—9所示。

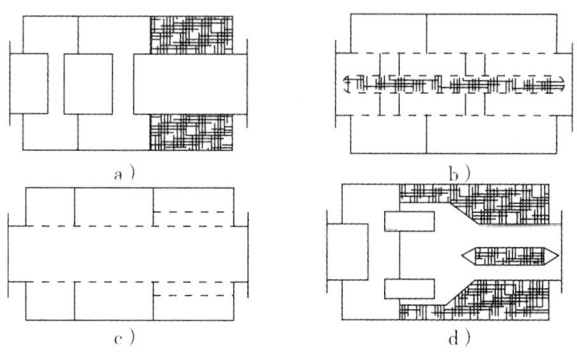

图6—9 几种常见的复合式消声器

第五节 微穿孔板消声器

微穿孔板消声器是根据我国著名的声学专家、中国科学院院士马大猷教授的微穿孔板基本理论发展而来的，它由孔径≤1 mm的微穿孔板和孔板背后的空腔所构成，其主要特点是穿孔板的孔径减小到1mm以下，利用自身孔板的声阻，取消了阻性消声器穿孔护面板后的多孔吸声材料，使消声器结构简化，因此微穿孔板消声器兼有抗性与阻性的特点。微穿孔板消声器用金属穿孔薄板制成，常见的微穿孔板可用钢板（管）、不锈钢板（管）、合金板（管）等材料制作。如图 6—10 所示为片式双层微穿孔板消声器示意图。

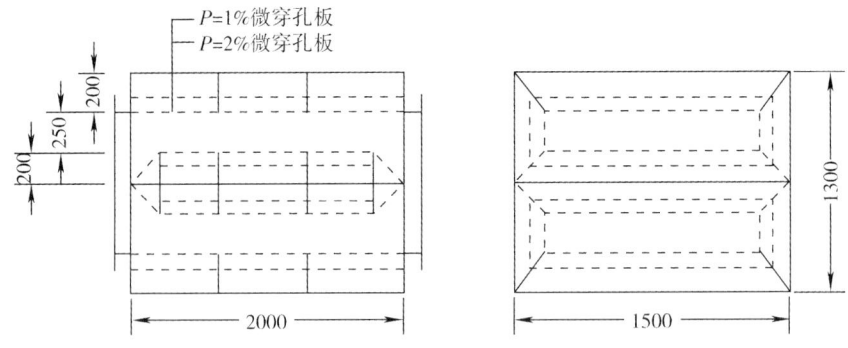

图 6—10　片式微穿孔板消声器示意图

微穿孔板消声器消声频带较宽，气流阻力较小，不需用多孔吸声材料，具有适用风速较高、抗潮湿、耐高温、不起尘等许多优点，而且可以设计成管式、片式、声流式、小室式等多种不同形式。

由于微穿孔板消声器全部采用金属制作，不使用纤维吸声材料，因此无粉屑污染，具有防潮、耐高温等优点，因此，特别适用于洁净厂房、医院、制药厂等对洁净度要求高的场所。

第六节　排气放空消声器

排气放空消声器专门用于降低化工、石油、冶金、电力等工业部门的高压、高温及高速排气放空所产生的高强度噪声。高压气体排气放空具有噪声强度大、频谱宽、污染危害范围大以及高温及高速气流排放等特点。

排气放空消声器的主要形式有节流减压型排气消声器、小孔喷注型排气消声器、节流减压加小孔喷注复合型消声器及多孔材料耗散型排气消声器等。下面介绍一下节流减压型排气消声器和小孔喷注型排气消声器，如图 6—11、图 6—12 所示。

节流减压型排气消声器是利用多层节流穿孔板或穿孔管，分层扩散减压，即将排出气体的总压通过多层节流孔板逐级减压，而流速也相应逐层降低，使原来的排气口的压力突变为通过排气消声器的渐变排放，从而达到降低排气放空噪声的目的，通常可达到 15～20 dBA 的降噪量。

小孔喷注型排气消声器是一种直径同原排气口相等而末端封闭的消声管，其管壁上开有很多的排气小孔，小孔总面积一般应大于原排气管口面积，小孔的直径越小，降低排气噪声的效果也越好。小孔喷注消声器降低噪声的原理是通过"移频"来实现的，即采用小孔代替大孔，从而将喷注噪声的频率移到很高的频率，使噪声频谱中的可听声部分降低，从而减少了噪声对环境的干扰。这种消声器主要适用于压力较低而流速甚高的排气放空，如压缩机、锅炉等，通常可达到 20 dBA 的降噪量。

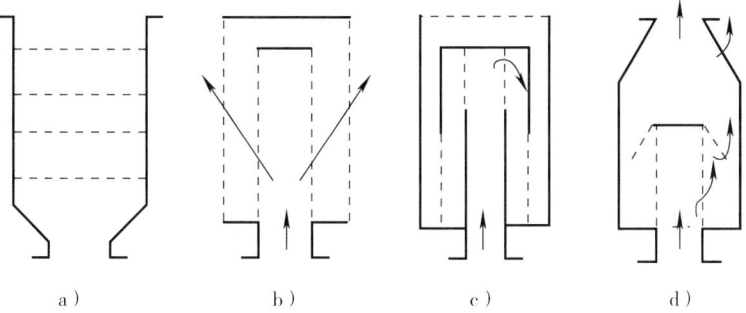

图 6—11　几种节流减压排气放空消声器
a) 四级孔板节流　b) 二级孔管节流
c) 三级孔管迷路节流　d) 三级孔管锥管节流

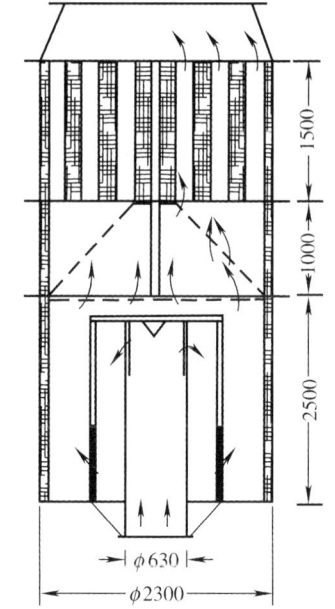

图 6—12　锅炉蒸气放空消声器

第七节　有源消声器

低频噪声和振动的控制历来比较困难，原因是涉及的波长很长，如果用无源控制，吸声材料必须很厚，消声器要做得很大，隔振时需要弹性材料很软很厚。有源噪声控制是有别于利用吸收、隔离、阻尼等被动手段的无源消声技术的一种噪声控制技术，它基于声波的干涉原理，利用人为附加的声源（次级声源）与噪声源（初级声源）形成相消干涉来达到消声的目的，特别适合于采用无源方法难以控制的低频噪声。20 世纪 80 年代后，计算机、微电子技术的成熟与控制理论的发展，使得有源噪声控制得以实现和迅速发展，取得了不少重要成果。

有源噪声控制原理（见图6—13）有如下三种：第一种是抵消。次级噪声源产生与原有噪声反相的噪声将其抵消，通常的有源噪声常以此解释。这一方法在有源降噪耳机和管道噪声控制中可得到很好的效果。第二种是改变原始噪声的辐射特性。在原始声源旁放一个噪声功率相同的反相次级声源，整个发射噪声功率大为减少。这是因为次级声源与原始声源组成偶极声源，次级声源使原始声源的阻抗变成主要是声抗，而声阻很小。第三种是吸收，原始噪声驱动次级声源振动，从而把能量消耗掉。以上三种原理在实际有源噪声控制中或单独使用，或共同使用，依具体控制系统而定。

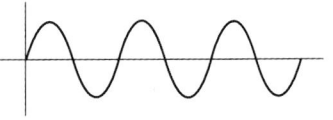
原始声音波形

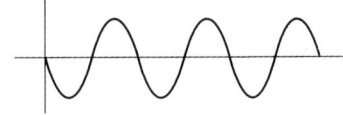
次声源发出的声波

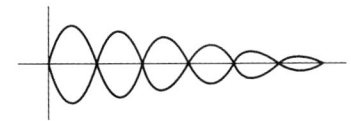
两声波相互抵消

图6—13 有源消声原理

实际应用中的系统主要有两种，即前馈式有源控制系统和反馈式有源控制系统。

前馈式有源控制系统在控制点前一定距离用传感器拾取噪声源噪声，经过控制器（常用数字式滤波器）将其调制到噪声传播到控制点时应具有的特征，在该点用控制扬声器发出反相声波，以抵消原有噪声。如图6—14所示为一管道无规律噪声的前馈有源控制原理图。前馈式有源控制系统比较适合在通风管道中的周期性或无规律噪声的控制。前馈式有源控制系统在工作环境发生变化的时候，容易受到影响，因此，通常要在其控制点后的声场中设置一个拾取误差信号（剩余信号），用以控制对滤波器的微调，形成自适应系统，可使得误差传声器处的声压有效值常处于最低水平，保证控制器抑制噪声的能力。但对于前馈式有源控制，要获得好的降噪效果，参考传感器（即使取噪声源的传声器）信号和噪声声源必须紧密相关，这在实际复杂系统中较难以满足。前馈式有源控制一般可以在一个倍频程范围内降低噪声10～15 dB。

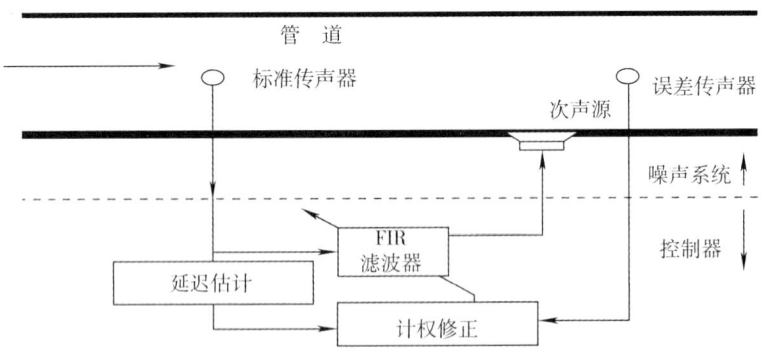

图6—14 管道中无规律噪声的前馈式有源控制原理图

反馈式有源噪声控制系统则不需要拾取原有噪声，只要在控制点或控制点后一定距离拾取剩余噪声，通过控制器调制到原有噪声到达控制点时应具有的状态，由控制扬声器反相发出即可。如图 6—15 所示为一无规律噪声的反馈式有源控制原理图。在反馈式系统中，拾取噪声信号的传感器本身就是误差传声器，所以系统具有自适应的形式。但控制目标是使误差传声器处噪声达到最低值，所以，误差信号要经过控制器变成控制信号时，信号需要放大的倍数很大，因此系统可能不稳定。反馈式有源控制系统的噪声抑制一般可达到 5~20 dB。

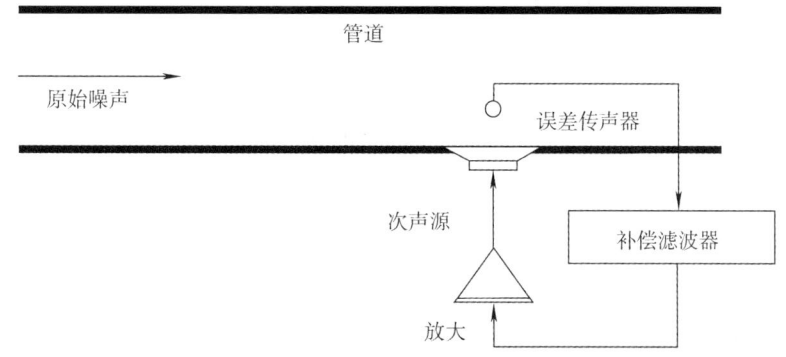

图 6—15　管道中无规律噪声的反馈式有源控制原理

有源噪声控制系统以其在低频段具有消声量大、体积小、不会造成气流阻力等独特的优点而受到人们的重视。在空调系统中，风机所产生的低频噪声以及由于设备振动而产生的低频噪声，在管道中传播很远的距离，对空调用房室内声环境影响较大，特别是对于一些特殊用途的空调用房，如录音室、播音室、声学实验室等，在这些场合，接受噪声的对象不再是人耳，而是频率响应范围很宽的传声器，对低频噪声的控制要求尤为突出。因此，对空调通风管道内的有源噪声控制研究，具有重要的意义和工程应用价值。

参 考 文 献

[1] 马大猷主编. 噪声与振动控制工程手册. 北京：机械工业出版社，2002.
[2] 项端祈. 空调系统消声与隔振设计. 北京：机械工业出版社，2005.
[3] 苏宏兵. 中央空调噪声控制研究与应用［D］. 北京：清华大学建筑学院，2003.
[4] 马大猷. 现代声学理论基础. 北京：科学出版社，2004.
[5] 秦佑国，土炳麟. 建筑声环境（第二版）. 北京：清华大学出版社，1999.
[6] ASHRAE. 2001 ASHRAE Fundamentals Handbook. 2001. Chapter 7.

第七章 隔振与阻尼减振

第一节 隔振原理

一、振动的基本概念

1. 单自由度振动

自由振动是振动系统在无外力作用下的振动形式。单自由度振动模型是最简单也是最常用的振动模型,为了研究方便,把振动系统集成简化成 3 个参量进行研究:振动系统由质量块 m、无质量的理想弹簧 K 和无质量的阻尼 C 组成,位于完全刚性的基础之上,质量块只能在垂直方向上运动,其模型如图 7—1 所示。

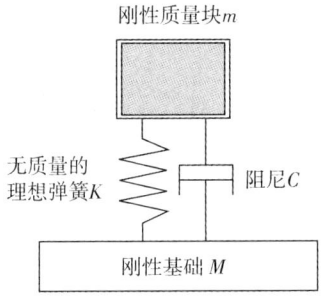

图 7—1 单自由度振动模型

该振动系统的微分运动方程为:
$$m\ddot{y}+C\dot{y}+Ky=0 \qquad (7—1)$$

该方程的解为:
$$y(t)=Ae^{-(\zeta\omega_0+j\omega_0\sqrt{1-\zeta^2})t}+Be^{-(\zeta\omega_0-j\omega_0\sqrt{1-\zeta^2})t} \qquad (7—2)$$

式中 ζ——阻尼比,$\zeta=\dfrac{2\sqrt{Km}}{R}=\dfrac{R_0}{R}$;

R_0——系统临界阻尼,$R_0=2\sqrt{Km}$;

ω_0——系统振动固有频率(角速度),$\omega_0=\sqrt{\dfrac{K}{m}}$;

A、B——与振动系统初始条件有关的常数。

2. 固有频率

式(7—2)中的固有频率 ω_0 是振动系统的一个重要参量,它是指振动刚体离开平衡位置后自由振动的频率,每个振动系统在每个自由度上都有一个固有振动频率。振动系统固有频率与振动刚体质量和弹簧刚度有关,单自由度自由振动的固有频率为:

$$f_n = \frac{\omega_0}{2\pi} = \frac{1}{2\pi}\sqrt{\frac{k}{m}} \tag{7—3}$$

式中　k——弹簧的刚度,N/m;

　　　m——振动刚体的质量,kg。

若已知振动系统的静态下沉度,即刚体压在弹簧上后弹簧的压缩量,则系统的固有频率为:

$$f_n = \frac{5}{\sqrt{\delta}} \tag{7—4}$$

式中　δ——弹簧静态下沉度,cm。

3. 阻尼的效应

式(7—2)说明阻尼比 ζ 对振动系统的运动状态起到非常重要的影响:

(1) $\zeta=0$,即无阻尼时,式(7—2)变成:

$$y(t) = A\cos(\omega_0 t + \theta)$$

式中 A 为初始条件确定的最大位移,θ 为初始条件确定的最大初始相位角。

即此时系统振动不受任何阻力作用,一旦受某一初始力作用之后,将以恒定的振幅做简谐振动。

(2) $\zeta<1$,即系统阻尼小于临界阻尼时,式(7—2)变成:

$$y(t) = Ae^{-\zeta\omega_0 t}\cos(\omega_0\sqrt{1-\zeta^2}t + \theta)$$

上式说明,阻尼越大或系统固有频率越高,则振动衰减越快,其振动振幅随时间的衰减如图 7—2 所示。

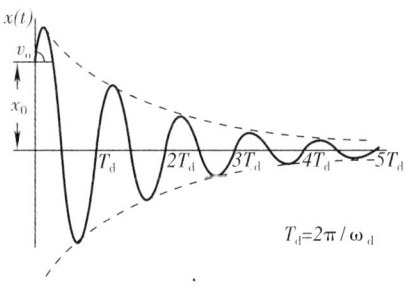

图 7—2　欠阻尼振动

(3) $\zeta=1$,即系统阻尼等于临界阻尼时,式(7—2)变成:

$$y(t) = Ae^{-\omega_0 t} + Be^{-\omega_0 t}$$

则振动系统无法形成周期性振动,而是以指数规律恢复到平衡位置,其振幅与时间关系如图 7—3 所示。

(4) $\zeta>1$,即系统阻尼大于临界阻尼成为过阻尼,式(7—2)变成:

$$y(t) = Ae^{-(\varsigma\omega_0+\omega_0\sqrt{\zeta^2-1})t} + Be^{-(\varsigma\omega_0-\omega_0\sqrt{\zeta^2-1})t}$$

此时振动系统也无法形成周期性振动，振幅呈指数单调衰减，如图7—4所示。

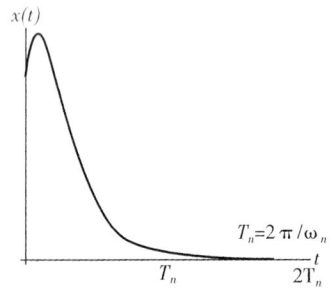
图7—3 临界阻尼振动

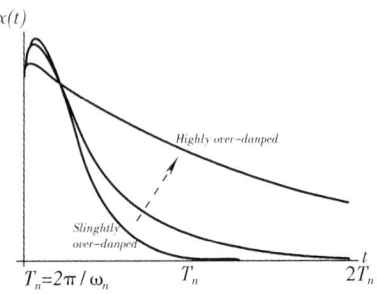
图7—4 过阻尼振动

二、隔振原理

隔振器之所以能起到隔振效果，是以弹性支承代替振源与地基之间的刚性连接，从而在一定频率范围内降低了从振动源传递到地基的激振力。

振动设备通过隔振器与刚性地基连接，可简化为图7—5所示的受迫振动系统。由于设备的周期性转动而产生周期性的外力激发系统振动，其运动微分方程为：

$$m\ddot{y} + C\dot{y} + Ky = F_0\cos\omega t \tag{7—5}$$

式中 F_0——周期性振动外力的幅值；

ω——周期性外力激励频率。

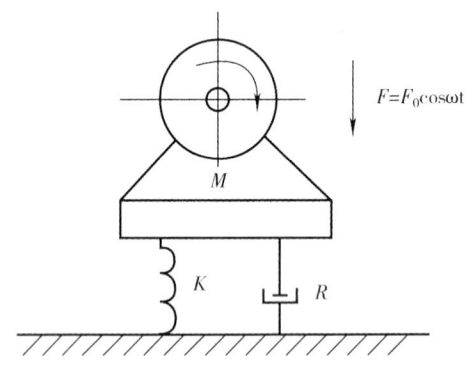

图7—5 设备振动模型

隔振器的效果一般用隔振传递比 T 来量化。当质量块受迫振动时，通过弹簧传递到基础的作用力与迫使质量块振动的驱动力的比值称为传递比 T。传递比是表征隔振器隔振效果的物理量，传递比越小，则减振效果越好。对于单自由度振动，且振动驱动力为简谐力，则可推导出传递比 T 的值：

$$T=\frac{T_T}{T_0}=\sqrt{\frac{1+\left(2\zeta\frac{f}{f_n}\right)^2}{\left[1-\left(\frac{f}{f_n}\right)^2\right]^2+\left(2\zeta\frac{f}{f_n}\right)^2}} \tag{7—6}$$

式中 T_T——通过隔振器传递给基础的力；

T_0——质量块受到的驱动力；

$\frac{f}{f_n}$——频率比，即驱动力频率与系统固有频率的比值。

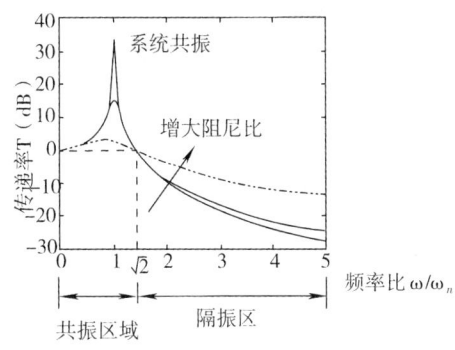

图 7—6 传递率与频率比的关系曲线

以频率比为变量时传递率 T 与频率比的关系如图 7—6 所示。由图 7—6 可知，当激振频率 ω 大于系统固有频率的 $\sqrt{2}$ 倍，即 $\omega>\sqrt{2}\omega_n$ 时，传递率 $T<1$，隔振器起到隔振的作用，传递率随频率的增加每倍频程衰减 12 dB。当 $\omega<\sqrt{2}\omega_n$ 时，传递率 $T>1$，隔振器处在共振区域，隔振器会增大被隔振体的振幅。当 $\omega>\sqrt{2}\omega_n$ 时，传递率随着阻尼的增大而增大；$\omega<\sqrt{2}\omega_n$ 时，传递率随着阻尼的增大而减小。

但实际隔振系统中，基础的非刚性、被保护对象的非刚性以及隔振器的质量分布都会降低高频的隔振性能，导致高频传递率比理想隔振器的传递率大，并出现周期性峰值。考虑质量后的隔振模型如图 7—7 所示，此时隔振器具有连续分布质量、弹性和阻尼，其传递率曲线如图 7—8 所示。当隔振器长度与隔振器中传播的振动的 1/2 波长的整数倍具有可比性，即激振频率大于一定数值时，振动以弹性波的形式在其中传播，隔振器自身的质量会降低隔振器的隔振性能，这种现象被称为内部共振或驻波效应。此时，隔振器不再符合无质量假设，而应视为分布质量系统。由图 7—8 可见，内部共振显著增大高频的传递率，并使得传递率出现周期性峰值。

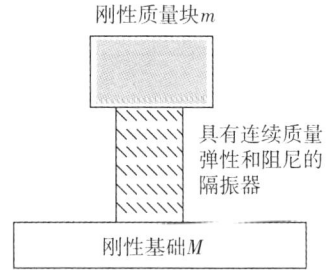

图 7—7 考虑质量后的隔振模型

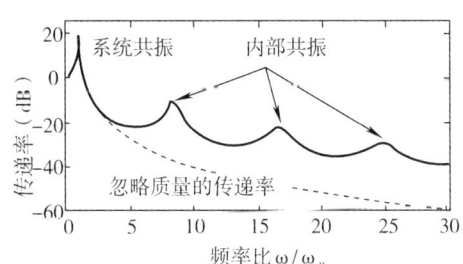

图 7—8 考虑质量后隔振模型的传递率

隔振效果还可以用隔振效率来表示，隔振效率定义为：

$$I=(1-T)\times100\% \tag{7—7}$$

隔振效率比振动传递系数更为直观，因而在实际隔振设计中通常都采用隔振效率描述隔振效果。

第二节 隔振设计及应用

一、隔振设计

从隔振原理可以看出,隔振效率主要跟振动源激励频率与系统固有频率之比、阻尼比有关,因此,隔振设计也主要围绕这几个参量进行。常规的隔振设计内容和程序如下。

1. 隔振要求的确定

在进行隔振设计时,首先要明确隔振的要求,即隔振的标准。建筑物内设备振动对人的影响主要是由于设备振动传递到建筑物内而激发起的噪声,因而隔振要求主要与设备振动强度、建筑物内敏感点的位置与噪声允许标准、振动设备的安装位置、建筑结构等有关,需根据这些因素综合考虑确定所需隔振要求。

表 7—1 列举了各类建筑和设备所需的振动传递比 T 的建议值,此建议值是行业内专家经过多年工程经验总结而来,可供设计时作为参考。

表 7—1　　各类建筑和设备所需的振动传递比的建议值

A. 按建筑用途区分

隔离固体声要求	建筑类别	振动传递比 T
很高	音乐厅、歌剧院、录音室、播音室、演播厅、会议室、声学实验室、电影院等	0.01～0.05
较高	医院、旅馆、学校、高层公寓、住宅、图书馆等	0.05～0.2
一般	办公室、多功能体育馆、餐厅、商店	0.2～0.4
较低要求	工厂、地下室、车库、仓库等	0.8～1.5

B. 按设备种类区分

设备种类		振动传递比 T	
		地下室、工厂等	楼层建筑（2层以上）
水泵	功率≤3 kW	0.3	0.10
	功率>3 kW	0.2	0.05
往复式冷冻机	<10 kW	0.3	0.15
	10～40 kW	0.25	0.10
	40～110 kW	0.20	0.05
密闭式冷冻设备		0.30	0.10
离心式冷冻机		0.15	0.05
空调调节设备		0.30	0.20

续表

设备种类	振动传递比 T	
	地下室、工厂等	楼层建筑（2层以上）
发电机	0.20	0.10
冷却塔	0.30	0.15～0.20

C. 按设备功率区分

设备功率（kW）	振动传递比 T		
	底层，一楼	两层以上（重型结构）	两层以上（轻型结构）
≤4	—	0.50	0.10
4～10	0.50	0.25	0.07
10～30	0.20	0.10	0.05
30～75	0.10	0.05	0.025
75～220	0.05	0.03	0.015

2. 计算振动源扰力频率

对于转动类设备，扰力频率 f（或称驱动频率）由设备的振动频率确定，其振动的基频一般即为转动轴的转速，因此扰力频率 f 可由下式求得：

$$f = n/60 \tag{7—8}$$

式中　n——设备的轴转速，r/min。

3. 确定隔振系统的固有频率

隔振系统的固有频率可由隔振系统的静态下沉度即刚体压在弹簧上后弹簧的压缩量求得：

$$f_n = \frac{5}{\sqrt{\delta}} Hz \tag{7—9}$$

式中　δ——弹簧静态下沉度，cm。

隔振设计的一个原则即尽量降低隔振系统的固有频率。从隔振原理可看出，只有当扰力频率 ω 大于系统固有频率的 $\sqrt{2}$ 倍时，隔振系统才起到隔振的作用。系统固有频率越低，隔振效率越高。

降低隔振系统固有频率的方法一般有两种：一是增加设备的重量 M，通常可采用加混凝土基座（或称混凝土惰性块）的方法实现；二是减小隔振器的刚度 K，即选择更柔软的隔振器，使得在同样荷载下产生更大的压缩量。

通常尽量在振动设备下配置较大的混凝土惰性块，然后再在其下方设置隔振装置，如图7—9与图7—10所示。采用这种构造有以下优点：

（1）减少设备自身振动的振幅。由于增大了设备总质量，而设备激振力不变，因此可以降低设备振幅，对保护设备自身起到很大的改善作用。

（2）降低机组重心，增加系统稳定性，确保设备的安全工作。

（3）降低机组重量分布不均产生的偏心影响，从而使得各支撑点受力更均匀，增加系统稳定性。

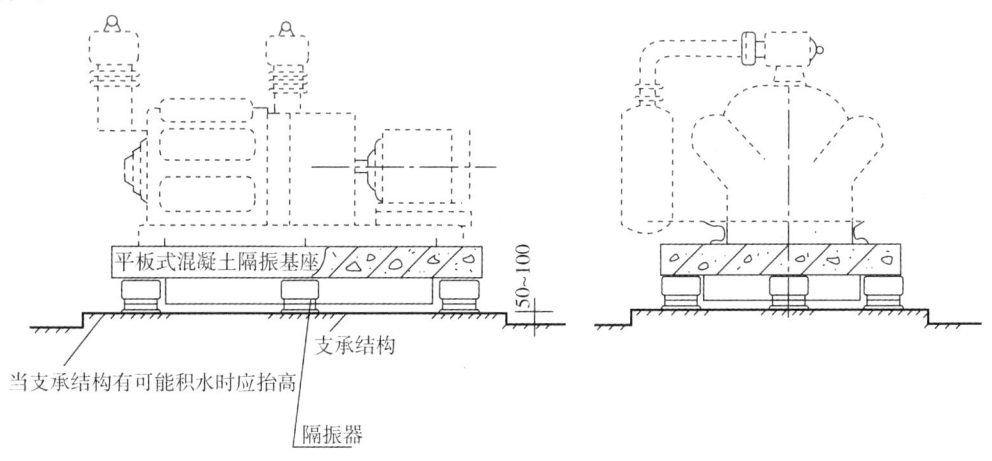

图 7—9 某设备隔振

图 7—10 水泵隔振

4. 选择合适的隔振器

确定好系统固有频率之后，即可根据隔振系统重量与所需压缩量计算隔振器的数量和刚度，以此选择合适的隔振器装置。

一般来说，为达到隔振目的，隔振材料或隔振器应符合下列要求：

(1) 弹性性能优良，刚度低。

(2) 承载力大，强度高，阻尼适当。

(3) 耐久性好，性能稳定，不因外界温度、湿度等条件变化而引起性能发生较大变化。

(4) 抗酸、碱、油的侵蚀能力较强。

(5) 取材容易。

(6) 加工制作和维修、更换方便。

隔振器材和隔振器种类较多，各种类型隔振器有各自的性能特点，应根据需要对应选择合适的隔振器。常见的隔振设备见表 7—2。

表 7—2　　　　　　　　　　　常见隔振设备

隔振垫	橡胶隔振垫 玻璃纤维垫 金属丝网隔振垫 软木、毛毡、乳胶海绵等制成的隔振垫
隔振器	橡胶隔振器 全金属隔振器（螺旋弹簧隔振器、蝶簧隔振器、板簧隔振器和钢丝绳隔振器等） 空气弹簧 弹性吊架（橡胶类、金属弹簧类或复合型）
柔性接管	可曲绕橡胶接头 金属波纹管 橡胶、帆布、塑料等柔性接头

二、弹簧隔振器

在隔振工程中，钢弹簧隔振器具有性能稳定、承载能力强、寿命长、抗环境污染能力强、计算可靠、固有频率低等优点，隔振中应用较多，并且已有定型产品。常用的为钢圆柱螺旋弹簧隔振器。

钢弹簧隔振器应用非常广泛，从各种精密仪器隔振到数十吨的锻锤、数百吨重的铁路轨道隔振，甚至整个大楼的隔振，钢弹簧隔振器都可以取得满意的效果。钢弹簧隔振器的最大优点是固有频率低，通常其频率范围可到 2～6 Hz，因此其隔振效果非常好（特别是低频段），对低速旋转（转速小于 800 r/min）的设备更为有效。钢弹簧隔振器的另一个突出优点是可以进行非常精确的计算，在荷载范围内它的压缩量与负荷之间呈良好的线性关系，因此可准确计算，得到隔振系统的压缩量与固有频率。弹簧的设计方法非常成熟，可以根据需要设计出各式各样的隔振器满足各种要求。

钢弹簧隔振器的缺点是阻尼很小，通常自身阻尼比约为 0.001～0.05，因此，在通过固有频率区域时会产生剧烈的振动，此时应该与阻尼器同时使用。此外钢弹簧还存在高频失效的问题，根据内部质量共振原理，在激振频率大于一定数值时，振动以弹性波的形式在其中传播，无法获得应有的隔振效果。高频失效可以采取在弹簧隔振器的上下盖板垫橡胶隔振垫、柔性减振材料的方法来解决。

将一定数量的弹簧，以某种形式的外壳，通过预压螺栓组成一个整体，则形成弹簧隔振器。外壳按几何形状可分为圆形或矩形；按构造可分封闭式、半封闭式或外露式等。弹簧隔振器的结构如图 7—11 所示。

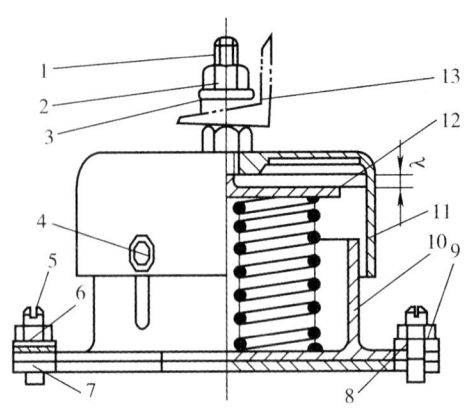

图 7—11 弹簧隔振器的结构

1—螺栓 2—螺母 3—弹簧垫圈 4—螺钉 5—地脚螺栓 6—螺母 7—橡胶垫板
8—橡胶垫圈 9—垫圈 10—下外罩 11—上外罩 12—定位板 13—斜垫圈

有时在弹簧隔振器下部或上部或上下部加一层邵氏硬度为 40°~60° 的橡胶板，其目的有两个：

（1）减少弹簧隔振器高频短路和固体传声传递。

（2）增加安装面摩擦力，阻止水平移动。

将弹簧隔振器和阻尼结构组成一体，则组成阻尼弹簧隔振器。如图 7—12 所示为某公司研制并生产的大荷载黏滞性阻尼弹簧隔振器的几种结构形式。

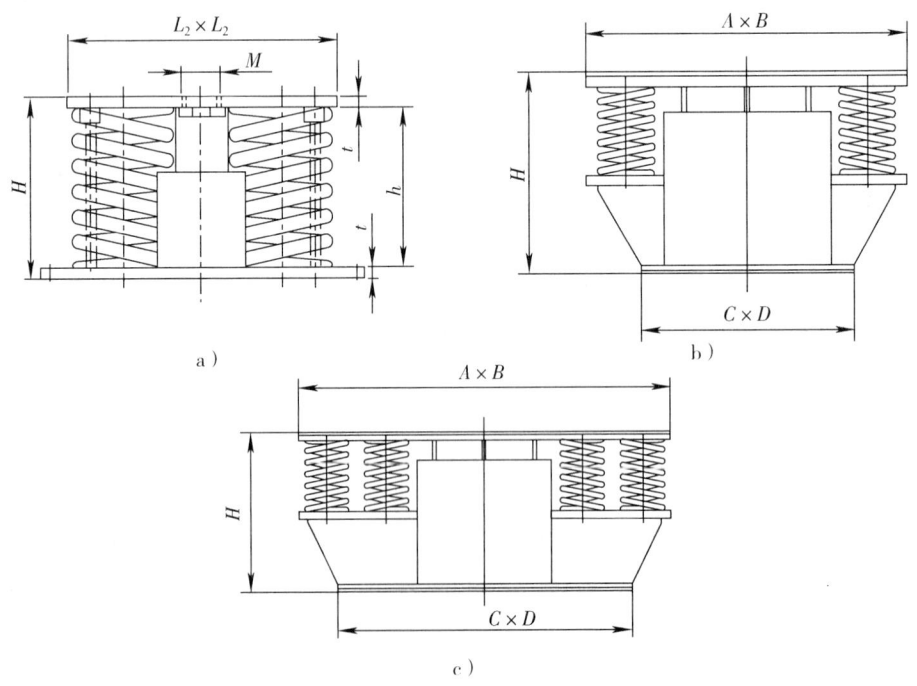

图 7—12 几种阻尼弹簧隔振器结构形式

a）ITGⅢ系列阻尼弹簧隔振器 b）DZTGⅡ系列大载荷阻尼弹簧隔振器 c）DZTGⅢ系列大载荷阻尼弹簧隔振器

三、橡胶隔振器

1. 橡胶隔振器性能特点

橡胶隔振器和橡胶隔振垫在隔振中应用极为广泛,其主要优点为:

(1) 可自由选取形状和尺寸,制造比较简单,可根据需要选择 3 个相互垂直方向的刚度;通过改变橡胶硬度、隔振器内外部结构可以大幅度改变隔振器的性能,以满足各种刚度的要求。

(2) 可使隔振系统的固有频率达到较低水平,通常可达到 10～15 Hz,并且具有较高的阻尼,对高频振动能量的吸收有很好的效果,通常可不需要再安装阻尼隔振器。

(3) 不会产生高频失效的现象,橡胶隔振器能使高频的结构噪声(也叫固体噪声)显著降低,通常能使得 100～3 200 Hz 频段内的结构噪声降低达 20 dB 左右。

(4) 无论在拉、压、剪切和扭转受力情况下,变形都比较大。

和金属弹簧隔振器相比,其主要缺点为:

(1) 其固有频率难以达到 5 Hz 以下,因此对于低转速设备不适用;

(2) 其抗环境污染与抗温度变化能力较弱,容易受到日照、温度、臭氧等环境影响,寿命较短。另外在长时间荷载作用下,会产生蠕变现象,不能长期接受较大应变。橡胶隔振器一般寿命为 3～5 年。

2. 橡胶隔振器类型

根据受力方式,橡胶隔振器可分为压缩式(或称挤压式)、剪切式和压缩剪切复合式。

压缩式一般承载能力大,多适用于荷载大或者安装空间小的场所。压缩式隔振器在形状结构上还可以做成各种形式,以适应安装条件的要求。压缩式橡胶隔振器如图 7—13 所示。

图 7—13 压缩式橡胶隔振器

a) 弹性吊架　b) 用于电梯上的压缩式隔振器

剪切式隔振器如图 7—14 所示,这种隔振器单纯依靠橡胶受压时所产生的剪切力,不能承受很大的荷载而变形量较大，多用于轻负荷低转速的设备隔振上。其隔振效果好，但稳定性稍差。

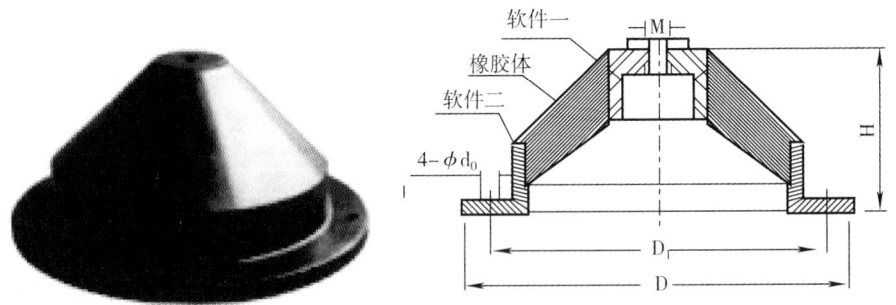

图 7—14 剪切式橡胶隔振器

剪切挤压复合隔振器如图 7—15 所示。这种隔振器承压时同时承受压力和剪切力，具有比较好的稳定性，常用于隔振与稳定要求都比较高的场合。有的隔振场合要求三向等刚度，此时则通常都采用这种复合结构来解决。如图 7—15 所示的 ZA 隔振器上盖为金属盖，可将隔振器受力均匀传递，让橡胶同时产生挤压和剪切力；同时上盖又可起到保护橡胶不受光线照射和油浸蚀，增加了橡胶的寿命。这种隔振器低矮，稳定性非常好。

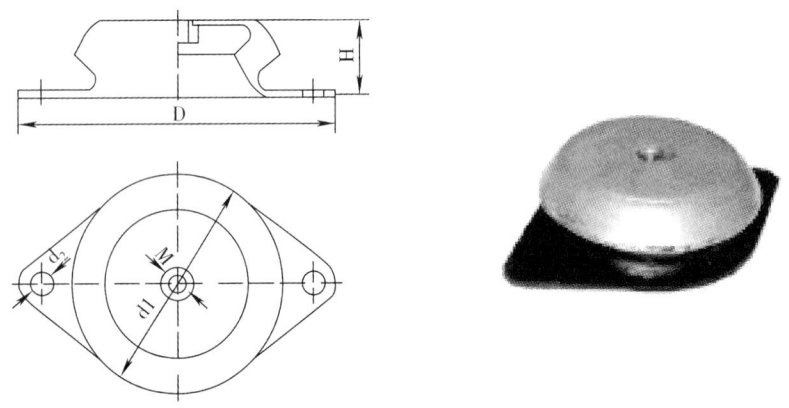

图 7—15 ZA 型橡胶隔振器构造

3. 橡胶隔振器的选用原则

橡胶隔振器的胶种应根据不同隔振对象和使用要求进行选择。

（1）天然胶

天然胶强度、延伸性、耐磨性和耐寒性均较好，且能与金属牢固黏合，但耐热性与耐油性较差。

（2）丁腈胶

丁腈胶耐热耐油性能好，阻尼较大，并能与金属牢固黏合。目前国内大都采用丁腈胶。

（3）氯丁胶

氯丁胶耐候性好，并能与金属牢固黏合，但生热性太大。常用于对防老化和防臭氧要求较高的地方。

（4）丁基胶

丁基胶阻尼大，耐寒、耐臭氧、耐酸，但与金属黏合较困难。

（5）乙烯丙烯共聚物橡胶

乙烯丙烯共聚物橡胶主要用在温度较高的环境。

4. 橡胶隔振器的选择原则

对于不同的橡胶隔振器结构形式，可参照下述原则进行选择：

（1）当橡胶隔振器承受的动载荷较大，或机器转速较高（大于1 500 r/min）时，可选用压缩型隔振器。

（2）当橡胶隔振器承受的动载荷较小，或机器转速较低（600～1 500 r/min）时，可选用剪切型隔振器。

（3）介于上述两者之间的情况，可选用压剪复合型隔振器。

（4）当对隔振要求不高，或要求投资低、使用方便时，可选用橡胶隔振垫。

四、空气弹簧隔振器

空气弹簧是在一密封容器中冲入压缩空气，利用气体的可压缩性体现弹簧作用。空气弹簧具有较低的刚度、较高的承载能力和可调阻尼，隔振系统的固有频率可低至1 Hz，主要用于汽车、城市轨道、铁路车辆等行业。常用的空气弹簧装置由弹簧体、附加气室和高度控制器三部分组成。空气弹簧隔振器的结构和实物如图7—16、图7—17、图7—18所示。

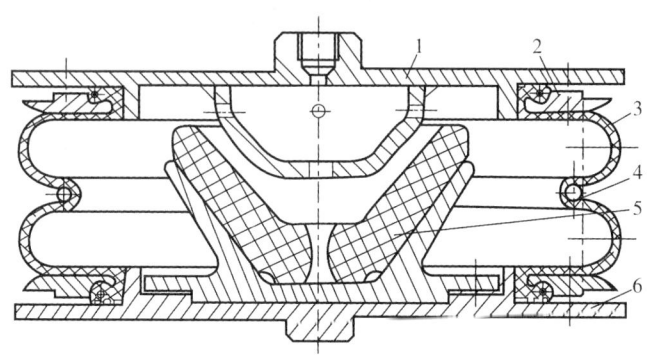

图7—16 囊式空气弹簧的典型结构
1—上盖板 2—压环 3—橡胶囊 4—腰环 5—橡胶垫 6—下盖板

在机械设备等振动隔离系统中，采用空气弹簧具有以下特点：

（1）设计时，弹簧的高度、承载能力、弹簧常数等是彼此独立的，并且可在相当的范围内选择。

（2）空气弹簧刚度，可以借助改变空气的工作压力，增加附加气室的容积来降低刚度，可以设计出很柔软的弹簧。

（3）空气弹簧的刚度随载荷而变，故在不同载荷下，其固有频率几乎保持不变，故系统的隔振效果也近似不变。

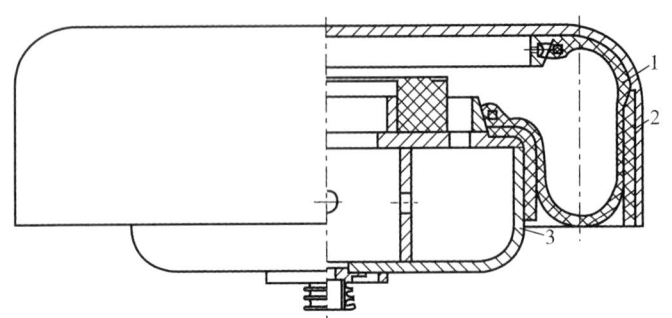

图 7—17 膜式空气弹簧的典型结构
1—橡胶膜　2—外筒　3—内筒

图 7—18 橡胶充气弹簧实物

（4）通过高度控制系统，空气弹簧的工作高度在任何载荷下保持一定，有利于工程应用。

（5）同一空气弹簧，通过工作气压的调整，可以有不同的承载能力。

（6）空气弹簧对高、低频振动、冲击以及固体声均具有很好的隔离特性。

（7）阻尼的大小可采用不同阻尼管进行调节。

（8）空气弹簧的弹簧部分重量可以做得比较轻，例如，承受 10 t 载荷，直径为 500 mm 的空气弹簧，除去上、下面板，橡胶部分的质量只有 5 kg 左右。

五、橡胶隔振垫

橡胶隔振垫是利用弹性材料本身的自然特性做成一定形状尺寸的隔振防冲击元件，也可视为一种简易的挤压式隔振器。它常与弹簧隔振器同时使用，可改善弹簧隔振器的高频失效现象，增大隔振器摩擦力，以增加稳定性；对于隔振要求不很高的场合，也可单独使用。

如图 7—19 所示为 GD 双面隔振垫外形图与性能曲线。GD 系列橡胶隔振垫通用性强，使用极为广泛，亦称万能隔振垫。它具有四种不同直径、不同高度的圆凸台，两面交叉布置，连接四个凸台的中心面积为 1 cm²。使隔振垫具有多段非线性特点，其静刚度特性曲线如图 7—19b 所示。通过多次试验和使用证明，这种非线性隔振垫具有较宽范围的等频性，吸收冲击能力大，使用场合更为广泛，可以承受任意方向的载荷，隔振性能显著。GD 系列隔振垫采用专门配制的合成橡胶，耐酸、碱、抗腐蚀性能良好、内阻大、蠕变小，可以两层、三层串联使用，但串联使用时在两垫之间必须有 3～5 mm 厚的钢板隔开，以充分发挥每块隔振垫的隔振作用。串联使用时的允许载荷仍为单层时的载荷。GD 系列隔振垫垂向固有频率为 12.5～16.5 Hz，阻尼比 ζ 为 0.08～0.10。

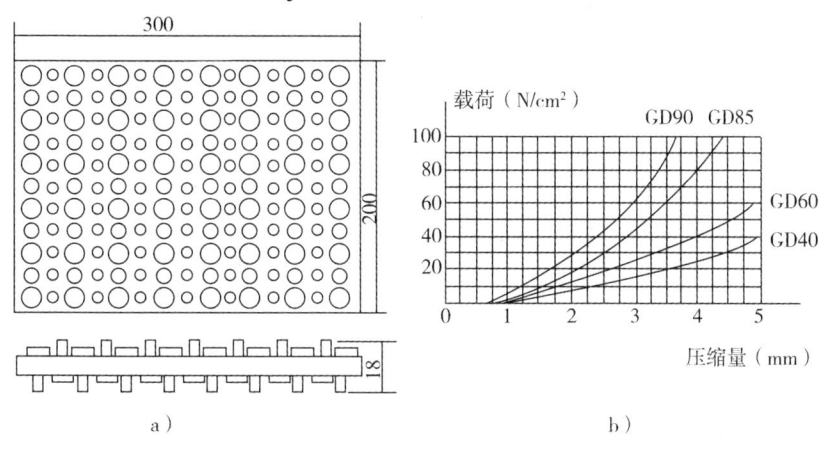

图 7—19　GD 隔振垫外形及其静刚度曲线
a）隔振垫外形尺寸　b）静刚度特性曲线

常见的橡胶隔振垫还有条纹型（也称瓦楞型），其性能也与 GD 系列隔振垫基本一样，如图 7—20 所示。

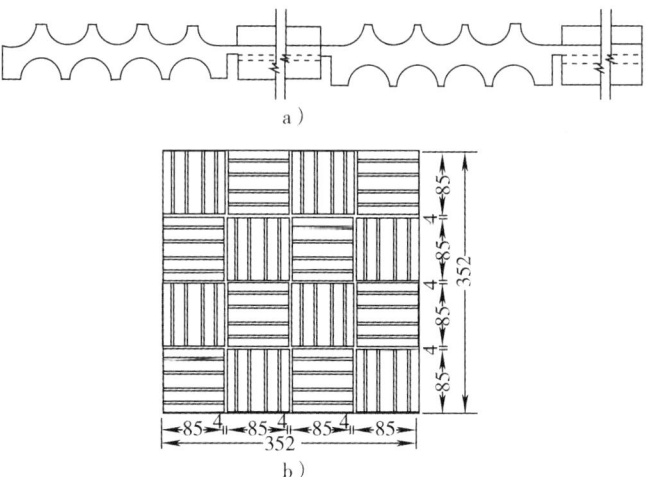

图 7—20　条纹型橡胶隔振垫
a）S.D 型橡胶隔振垫剖面图　b）外形尺寸

六、其他类型隔振材料

1. 软木

软木作为隔振垫层材料应用最早、使用历史最悠久的隔振材料,在橡胶和聚乙烯类化学材料还没广泛应用之前曾大量采用。软木承压能力较小,一般在 200 kPa 以内,通常可以使用 15~20 年。软木固有频率较高,因此其隔振效果较为有限,适用于高频或冲击设备的隔振。天然软木价格昂贵,相对于其他材料其隔振效果不佳,因此现在已经很少使用。

2. 玻璃纤维板

玻璃纤维是一种无机纤维材料,它靠本身良好的弹性和纤维间的压缩和摩擦,具有一定的阻尼和弹性,是一种良好的隔振材料,使用较为普遍。玻璃纤维的优点是不易老化、不腐、不蛀,又有抗酸、抗碱和抗油的良好性能,而且价格低廉,缺点是需防水,受潮后变形,隔振效果下降。另外,它承压能力小,一般仅为 10~15 kPa,且自振频率较高。玻璃纤维板厚 5~20 cm 时,其固有频率为 10~20 Hz。

玻璃纤维板主要用于浮筑结构中,如广播电视系统中的各类演播室、录音室以及建筑声学实验室。使用时纤维板厚度通常都比较大,常为 10~20 cm,有时为了获得更好的隔振效果甚至要求厚度达到 50 cm。

3. 毛毡

毛毡的适用频率范围为 30 Hz 左右,适用于对车间内中小型机器隔振降噪处理,毛毡隔振系统的固有频率主要取决于毛毡的厚度,而不是它的面积和静荷载。毛毡压得越密实,系统的固有频率就越高。通常采用的毛毡厚度为 10~25 mm,当承受 2~70 N/cm^2 压力时,固有频率为 20~40 Hz。其优点是价格便宜、容易安装,可以随意裁剪使用,与其他材料表面黏结性强。

4. 海绵隔振材料和泡沫塑料类隔振材料

橡胶和塑料经过发泡处理的具有空气微孔的橡胶和塑料称为海绵橡胶和泡沫塑料,具有非常优越的压缩性能。由海绵橡胶和泡沫塑料构成的弹性支撑系统,其优点主要表现为使用这种材料可获得很软的支撑系统;剪切容易、安装方便;缺点是载荷特性表现为显著的非线性,产品很难保证质地均匀,长时间承压容易产生永久变形,隔振效率降低。海绵隔振材料如图 7—21 所示。

近年来这类隔振材料使用量逐步增大,由于它承压能力较小,主要应用于住宅、办公等民用建筑的浮筑结构,主要降低楼板撞击声。相对于玻璃纤维类材料,这种化纤类减振材料具有不需要放水(很多时候其自身就起到放水的作用)、厚度小(50 mm 以内)的优点,因此,更适合于对空间要求较严格的民用建筑中。

图 7—21 密胺海绵隔振垫材料

七、管道柔性接头和吊架

设备的振动，除了通过基础沿建筑结构传递外，还会通过管道和管内介质以及固定管道的构件传递并辐射噪声。管道隔振也是通过消除管道与建筑结构之间的刚性连接实现的。管道隔振与基础隔振不同之处在于采用管道隔振后，管内介质的振动仍然可以沿着管道传播，因而其隔振效果往往不如基础隔振效果显著。虽然如此，管道隔振仍是不可忽视的，因为它不仅可以降低毗邻空间的噪声，还可以延长设备的运行寿命。此外，软连接还可以起到温度、压力和安装的补偿作用。管道隔振设备如图7—22所示。

不锈钢波纹管　　　　　　橡胶软管　　　　　　弹性挂件

图7—22　管道隔振设备

目前常用的隔振软管有各种橡胶软连接和不锈钢波纹软管。橡胶软管具有很好的隔振降噪效果，缺点是其使用受到介质温度、压力的限制，同时耐腐蚀性较差。不锈钢波纹管能耐高温、高压和腐蚀性介质，经久耐用和具有良好的隔振效果，因此应用较广，但它造价较高。在空调管道隔振控制中，对于低温、低压的水管可以采用各种橡胶软管，而对冷冻机、空压机和高压水泵则需选用不锈钢波纹管。

设备与管道之间配置软管后，可衰减设备振动通过管道传播，但管道内介质引起的振动仍可通过固定管道的构件传播到建筑结构，因此必须采取隔离措施。常用的方法是使用弹簧的弹性吊件，或者在吊架上铺设弹性隔振材料。

第三节　阻尼减振与阻尼材料

机械设备的外壳由金属薄板制成，机械运转时产生的振动使得金属薄板发生弯曲振动，辐射出强烈的噪声。这种薄板结构受激励所产生的噪声称为结构噪声。对于这种振动激发的二次噪声，不宜采取隔声罩等措施，因为隔声罩的壁面受激励也会辐射噪声，如果不合适隔声罩甚至可能起到放大噪声的相反作用。在这种情况下，最有效的控制措施就是采用阻尼减振技术。阻尼减振，是指采用高阻尼材料附着在容易受激发振动的薄板结构表面，用以抑制和消耗薄板的振动，从而达到减振降噪的目的。阻尼减振技术已广泛应用于航空航天、汽车工业、仪器仪表、兵器、土木与结构、建筑业等各类行业，阻尼材料的研制和应用已成为噪声振动控制行业的一个重要领域。

一、阻尼减振原理

1. 阻尼减振基本原理

一般金属材料如钢、铝、铜等,它们的固有阻尼很小,在激振力的作用下极易产生结构的弯曲振动。在金属薄板或薄管壁上涂贴阻尼材料,通过外加阻尼的方法来加大材料的阻尼以降低噪声,其原理在于:

(1) 阻尼涂层减弱了金属薄板弯曲振动的强度

当金属薄板受激发而产生弯曲振动时,其振动能量便迅速传递给涂贴在它上面的阻尼材料,引起阻尼材料分子间的摩擦和相互错动。由于阻尼材料内损耗、内摩擦大,使薄板振动的能量相当一部分转变为热能耗散掉,从而减弱薄板弯曲振动强度,噪声也随之降低了。

(2) 涂贴阻尼材料缩短了金属薄板振动的时间

阻尼可缩短金属薄板被激发后振动的时间。比如同样的金属薄板,在不加阻尼材料的情况下受到激振力作用,振动要 2 s 才停止;涂上阻尼材料后,当受到同样大小的激振力作用,其振动时间要缩短很多,可能只要 0.1 s 就停止了。如果发声时间小于 50 ms,人耳很难感觉到。因此,在金属薄板上涂贴阻尼材料以缩短激振后的振动时间,从而降低金属板辐射噪声的能量,达到控制噪声的目的。

2. 阻尼损耗因子 η

阻尼材料就是内损耗、内摩擦较大、刚度较低的黏弹材料,阻尼材料以材料的损耗因子作为衡量阻尼大小的特征值,它是以材料受到机械振动激励时耗损能量与机械振动能量的比值来表示的。

阻尼以阻尼容量 ψ 度量,$\psi=\dfrac{W'}{W}$,其中 W' 振动系统每振动一个周期所损失的能量,W 为总的振动能量。ψ 也可表示为 $2\pi\eta$,即 $\psi=2\pi\eta$。η 称为损耗因数,ψ、η 都是无量纲量。

表征阻尼材料性能最常用的量是损耗因数 η。η 的定义是:在一个弧度中平均损失的能量与总能量的比值。相当于一个弹性物体动态的杨氏弹性模量 $\overline{E}$ 的虚部。动态杨氏弹性模量的表达式为:

$$\overline{E}=E'(1+i\eta)=E'+i\eta E'=E'+iE''$$

阻尼也可以用其他量表示,各种阻尼量度的关系如下:

$$\eta=\frac{\psi}{2\pi}=2\zeta=2\frac{C}{C_C}=\frac{2.20}{f_0 T_{60}}=\frac{\Delta}{27.3 f_0}=\frac{\delta}{\pi}=b=\frac{1}{Q}$$

式中,ζ 为阻尼比 (C/C_C);C 是黏性阻尼系数,等于阻尼力与振动速度之比;C_C 为临界阻尼系数,即是发生振动时所能允许的最大黏性阻尼系数;f_0 为固有频率;T_{60} 为混响时间,即衰变 60 dB 所需的时间;Δ 为衰变常数,即每秒钟衰变的 dB 数;δ 为对数减缩率,是第一周振幅与第二周振幅之比的自然对数;b 为半功率频带宽度,无量纲;Q 为共振放大因数,是共振时的振动幅值与低频幅值之比。

不同材料有不同的内阻尼。由于在常温下,大多数阻尼材料的损耗因数在噪声干扰的主要频率(30~500 Hz)范围内 η 接近常数,因此用损耗因数 η 一个量就可以描述阻尼材料的阻尼性能。材料的损耗因数 η 可应用频率响应法或衰减率法,通过实际测量求得。常见材料的阻尼损耗因子值见表 7—3。

表 7—3　　　　　　　　　　常见材料的阻尼损耗因子值

材料	β 值	材料	β 值
金属	0.0001～0.001	复合材料	0.2
玻璃	0.001～0.005	阻尼合金	0.05～0.2
木料	0.01～0.05	阻尼橡胶	0.1～5
混凝土	0.1	高分子聚合物	0.1～10

3. 阻尼技术的实施

(1) 阻尼层的种类

阻尼涂层与金属板面结合通常有两种做法：一种是自由阻尼层，另一种是约束阻尼层。

自由阻尼层是将阻尼材料涂在板的一面或两面，如图 7—23a 所示。板受到振动而产生弯曲时，板和阻尼层都允许有压缩和延伸变形。

约束阻尼层是在两板之间黏结阻尼材料，如图 7—23b 所示。板受到振动而发生弯曲变形时，阻尼层受到上、下两个面板的约束而不能伸缩，各层之间只能依靠剪切作用来消耗振动能量。由于金属板的约束抑制，阻尼材料在两层板之间产生更大的剪切变形，能够起到比自由阻尼更好的减振降噪效果。

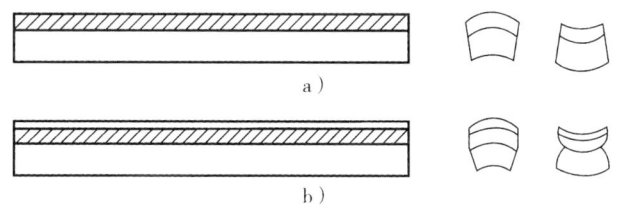

图 7—23　阻尼结构

(2) 阻尼层的厚度

阻尼措施的效果除了与涂层的施工方法有关系外，还与阻尼层的厚度有很大关系。在实际应用中，对自由阻尼层来说，通常阻尼层的厚度为金属板厚度的 2～3 倍。厚度太小，起不到应有的阻尼效果；厚度太大，阻尼效果的增加不显著。对约束阻尼层的厚度则与阻尼材料的特性、板的厚度等多种因素有关，情况更复杂。

此外，阻尼降噪效果与金属板的振动频率成正比，与板单位面积的质量成反比。也就是说，对高频振动采取阻尼措施的效果比对低频振动要好，在薄金属板上采取阻尼措施比在厚金属板上的效果更好。实践证明，当板厚在 5 mm 以上时，采取阻尼措施效果不明显。

(3) 采取阻尼措施的注意事项

阻尼材料应要选取损耗因数 η 较高的材料，阻尼材料对金属板要具有良好的黏结性，以保证不因金属板振动而碎裂或与金属板脱离。选取阻尼材料时，还要根据现场的条件，考虑阻燃、防油、防腐蚀、隔热、保温等因素。

二、阻尼减振材料

根据基底材料的不同,常用阻尼材料分为沥青系、橡胶系、水溶系、环氧树脂系等。

基底材料是阻尼材料的主要成分,其作用是使组成阻尼材料的各种成分进行黏合并黏结到金属板上。基料性能好坏对阻尼效果起到决定性的作用。除基料外,还需添加填料,其作用是增加阻尼材料的内耗损能力和减少基料用量,最好的填料是比重较大的金属粉末,但其价格相对较贵;常用的填料有碳酸钙、铅粉、黄沙、膨胀珍珠岩粉、石棉等。

1. 沥青减振阻尼材料

沥青阻尼材料取材方便,价格低廉,缺点是容易受温度和强度的限制。为了改善其性能,当环境温度较高时,可在其中掺加石棉绒,以避免沥青软化;当温度较低时,可在其中添加少量机油,以避免低温下沥青干裂。

2. 橡胶阻尼材料

在工程机械领域,橡胶合成阻尼材料应用非常广泛。许多厂家专门研制和生产各式各样的黏弹性阻尼材料,大多以橡胶为基底。

合成橡胶材料的动态特性和使用范围受成分、硬度和填料的影响非常大,表7—4所示为其性能典型值,表7—5所示为国产橡胶阻尼材料的主要性能,它们都广泛应用于各类工程机械。

表7—4　　　　　　　　　　橡胶材料在室温的动态特性

序号	材料	最大损失因数(βmax)	相应频率(Hz)	测试温度(℃)	βmax时的剪切弹性模量(10^6N/m²)
1	多硫化物橡胶	5.00	1 000	25±25	10
2	丁基橡胶	4.02	3 100	21	10
3	胶基橡胶	2.59	3 000	25	20
4	聚丁基乙烯	2	2	30±70	200
5	丁基橡胶,硫化	1.8	10 000	20	7
6	丁钠橡胶,加石墨,硫化	1.6	10 000	20	10～50
7	胺基橡胶(82%铅末)	1.4	4 000	25	10
8	氟橡胶	1.3	1 775	45±55	0.12
9	氯丁橡胶	1.18	10 000	20	1.5
10	氯丁橡胶、硫化	1.10	4 000	20	2
11	氟硅橡胶	0.56	300	30±70	0.6
12	硅胶	0.33	500	60±40	0.02
13	天然橡胶(轮胎)	0.2	500	25±50	1

表7—5　　　　　　　　　国产 ZN 系列阻尼材料的主要性能

序号	牌号	βmax	剪切模量 1×10^6 N/m²	温度范围 $\Delta T0.7℃$
1	ZN-1	1.40	1.6	-15～50
2	ZN-2	1.10	4.0	-14～47
3	ZN-3	1.10	4.0	-14～47
4	YZN-4	1.45	2.8	-21～70
5	YZN-5	1.85	3.5	-15～50
6	YZN-6	1.85	4.1	10～75

参考文献

[1] 马大猷主编．噪声与振动控制工程手册．北京：机械工业出版社，2002

[2] 孙家麒，郭建国，金志春．城市轨道交通振动和噪声控制简明手册．北京：中国科学技术出版社，2002

[3] 项端祈．空调系统消声与隔振设计．北京：机械工业出版社，2005

[4] 张海亮，燕翔，苏宏兵．"房中房"结构隔振性能实验研究．实验技术与管理，2008，25（6）

[5] 方丹群，王文奇，孙家麒．噪声控制．北京：北京出版社，1986

[6] 党川．阻尼减振降噪技术原理及其应用．四川环境，1992，11（3）：47～50

[7] 孟凯．阻尼减振技术在工程机械上的应用．建筑机械技术与管理，1994，33（1）：14～20

第八章 工程实例

实例一 印刷厂纸屑排风机噪声治理

1. 概况

某印刷厂纸屑输送系统排风机安装在厂区南部地下机房内,机房与居民住宅仅一墙之隔。对厂区和居民住宅均产生了较大的噪声污染。为此,对该处噪声源进行综合治理。

(1) 噪声源分布

噪声源为地下风机房内纸屑排风机。设备平面布局如图8—1所示。立面图如图8—2所示。

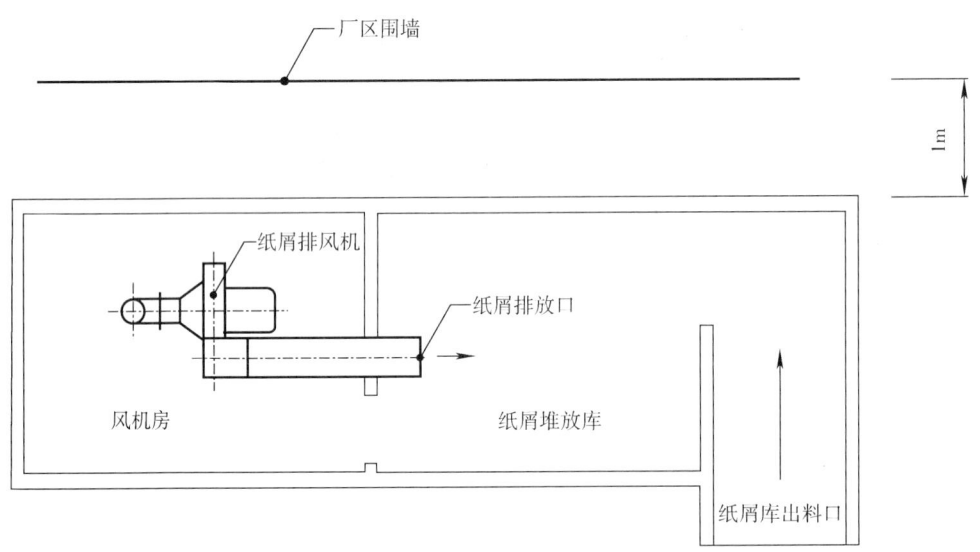

图8—1 纸屑输送系统风机房平面图

(2) 噪声源污染程度

安装在风机房的纸屑排风机运转时产生的振动噪声和气流噪声通过纸屑库出料口传播到室外,影响厂区环境。同时,使厂界噪声超过厂界噪声排放标准。现场测量噪声值见表8—1。

第八章 工程实例

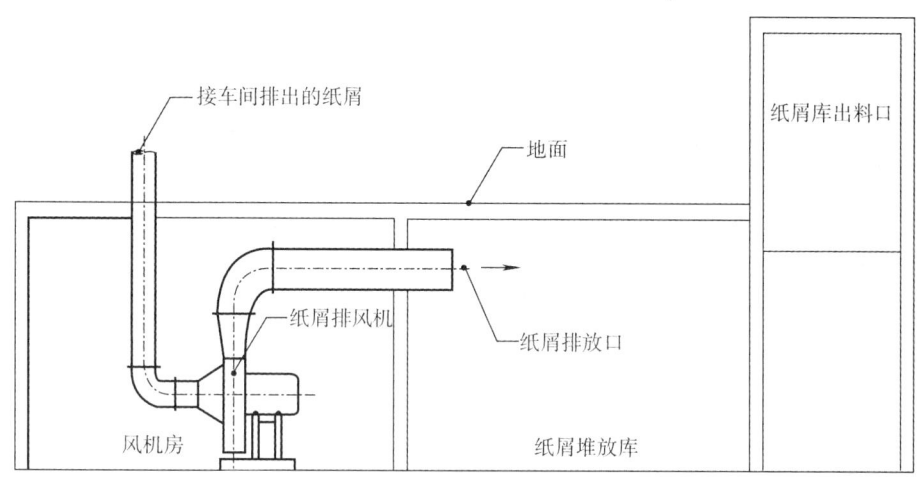

图 8—2 纸屑输送系统风机房立面图

表 8—1　　　　　　　　　　纸屑排风机噪声现场测试值

序号	测量点位置	测量值/（dBA）	备注
1	纸屑排放口前 1 m 处	95	45°角处
2	纸屑库出料口前 1 m 处	78	
3	最近厂界处	65	

现有纸屑输送系统排风机和系统风管的连接是刚性连接，排风机和风机房也未安装减震和降噪设施。风机的振动噪声和气流噪声造成很大的噪声污染。

2. 纸屑输送系统排风机降噪措施

根据声源特性和噪声传播途径，降噪方案以控制声源为主，在噪声源和噪声传播途径上入手，采用综合治理方法。风机进出口安装消声器；风机安装隔声箱；风机房安装吸声体。治理措施如图 8—3 所示。

纸屑输送系统排风机降噪具体措施是：

（1）排风机安装隔声罩，隔声量≥30 dBA。考虑到排风机的维修和保养，隔声罩设计隔声检修门。

（2）排风机安装隔声罩后，影响排风机散热，在排风机隔声罩上安装进风消声器和出风消声器各 1 台，利用热压自然对隔声罩进行通风散热。

（3）排风机与系统管道间安装进风消声器和排风消声器。由于工艺要求消声器壁面光滑，消声器通风道内不能安装消声片，消声量受到影响，因此，加长了消声器的长度。

（4）风机进出风口与风管安装软性连接，排风机安装减振支架和减振器。

（5）为提高降噪量，在风机室内安装了吸声体，吸声体安装面积为房间表面积的 40%。安装吸声体后有效降低了机房的混响噪声。

3. 降噪效果

采取纸屑输送系统排风机降噪措施后，进行了噪声测试，测试结果见表 8—2。

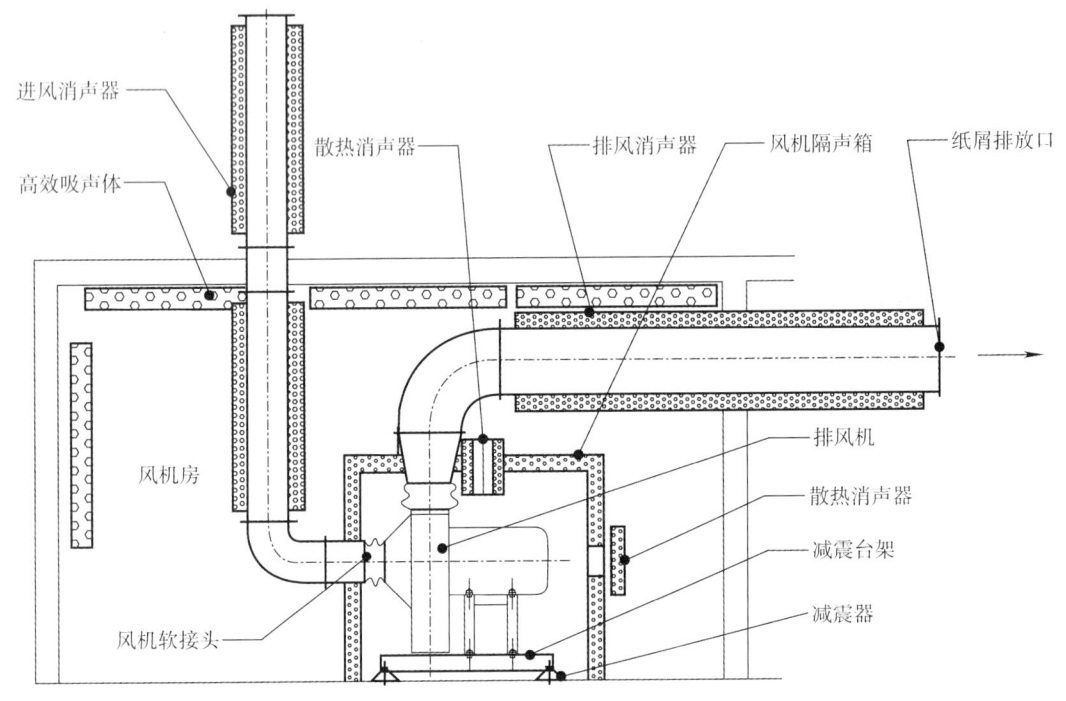

图 8—3 排风机和风机房降噪措施

表 8—2　　　　　　　　　　　　纸屑排风机噪声治理后现场测试值

序号	测量点位置	测量值/dBA	备注
1	纸屑排放口前 1 m 处	64	45°角处
2	纸屑库出料口前 1 m 处	58	
3	最近厂界处	53	

纸屑输送系统排风机降噪措施实施后，厂区内噪声有了大幅下降。厂界噪声符合《工业企业厂界噪声标准》的要求，昼间≤55 dBA。

实例二　耐火材料厂破碎车间设备噪声治理

1. 概况

北京某耐火材料有限公司破碎车间设备运行时产生很大噪声，生产作业条件达不到有关卫生标准。为解决问题，根据车间具体条件对该破碎车间设备进行了降噪治理。

（1）噪声源分布

车间长 48 m，宽 12 m，高 8 m。车间内自北向南依次为破碎站（配破碎锤一套）、颚式破碎机、圆锥破碎机、振动筛；设备之间物料运输使用皮带输送机。被破碎物料为锆刚玉和氧化铝。主要噪声源为破碎锤、颚式破碎机、圆锥破碎机、振动筛等。根据厂方意见，破碎锤移至其他场所，本项目对颚式破碎机、圆锥破碎机、振动筛三个工序进行降噪处理。设备平面布局如图 8—4 所示。

图 8—4　设备平面布局

（2）噪声源污染程度

现场测量噪声值见表 8—3。

表 8—3　　　　　　　　　　　噪声现场测试值

序号	设备名称	测量点位置	测量值/dBA
1	振动筛	设备外 1 m	105
2	圆锥破碎机	设备外 1 m	109
3	颚式破碎机	设备外 1 m	109

2. 降噪措施

降噪实施方案是将 3 台设备分别加装大型隔声间。颚式破碎隔声间设计尺寸：6 m×5.5 m×5 m（长×宽×高），圆锥破碎机隔声间设计尺寸：7 m×6 m×5 m（长×宽×高），振动筛隔声间设计尺寸约为 7.5 m×5 m×6 m（长×宽×高）。

隔声结构总厚度 175 mm。隔声结构为内层吸声，外层隔声。吸声层用镀锌穿孔钢板护面。隔声间整体为框架结构，主龙骨采用 100 mm×50 mm×3 mm 空心方钢管制造。隔声层采用 δ75 夹芯彩钢板制造。为便于观察和维修，隔声间安装了隔声门和隔声窗。设备进出料口安装大型活动门，破碎机进料时开启料门，进完料后关闭该门，有效防止破碎机噪声通过料口扩散。

治理措施如图8—5所示。

图8—5 治理措施

3. 降噪效果

治理后的设备运行噪声符合《工业企业设计卫生标准》的要求，车间内平均噪声值≤85 dBA。测试结果见表8—4。

表8—4　　　　　　　　　　噪声治理后现场测试值

序号	测量点位置	测量值/dBA	标准值/dBA
1	振动筛隔声间西侧1 m	84.6	85
2	细破隔声间西侧1 m	83.5	
3	粗破隔声间西侧1 m	84.5	

4. 总结

（1）本项目隔声间隔声材料选用的双层夹芯彩钢板是常用的建筑材料，且物美价廉。该材料用于较高噪声源的隔声，其效果是满意的，并具有重量轻、共振小、便于施工以及外观整体效果好等特点。

(2) 颚式破碎机隔声间进料门设计为手动式，在实际使用中工人操作烦琐，容易造成开着进料门运行破碎机的情况。此时，车间噪声超过卫生标准。解决办法是，如果资金充裕，可将进料门改装成电动门进料门，或从工艺入手将吊装进料改成皮带输送机进料。

实例三　发动机产品试验台噪声治理

1. 概况

发动机产品试验台工作时噪声较高，对车间内及相邻试验台间的工作环境影响很大，现对某厂发动机产品试验台噪声控制进行设计和实施。

(1) 噪声源分布

试验台布置长 22 m，宽 11 m，高 8 m，共布置 12 台发动机产品试验台。设备平面布局如图 8—6 所示。

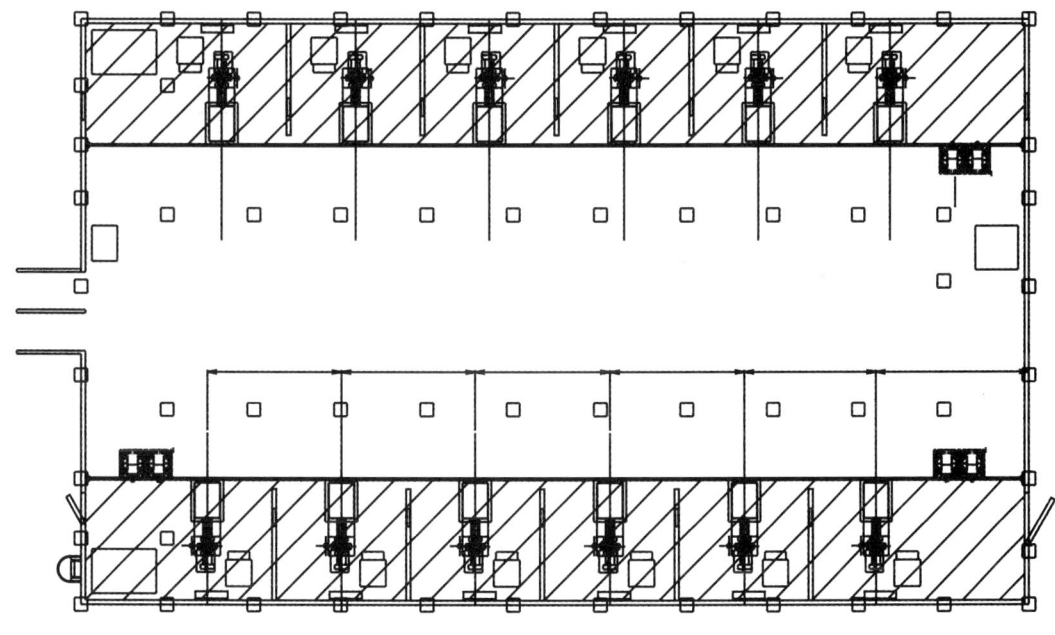

图 8—6　设备平面布局

(2) 降噪量确定

要求隔声板计权隔声量大于等于 35 dB。

2. 降噪措施

降噪实施方案是将 12 台发动机产品试验台设置在 22 m×13.25 m×3 m（长×宽×高）的大型隔声间内，发动机产品试验台之间设置隔声吸声板。

隔声结构总厚度 150 mm。隔声结构为内层吸声、外层隔声。吸声层用镀锌穿孔钢板护面。隔声间整体为框架结构，主龙骨采用 150 mm×150 mm×6 mm 空心方钢管制造。隔声层采用 1.5 mm 镀锌钢板加阻尼材料制造。为便于观察和维修，隔声间安装了隔声门和隔声窗。设备进出料口设置消声通道。根据设备布置情况，隔声间预留了各种孔洞，治理措施如

图 8—7 和图 8—8 所示。

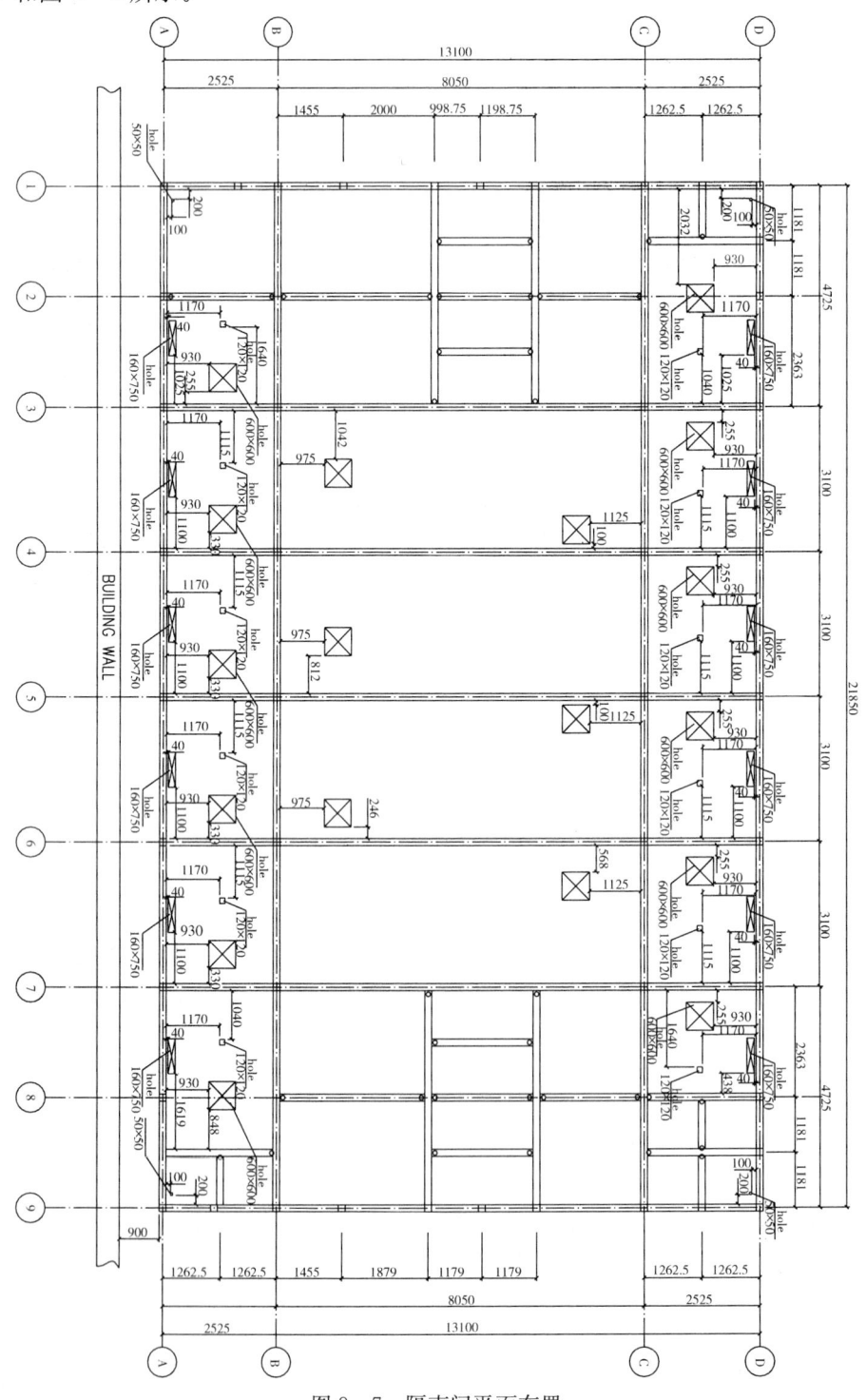

图 8—7　隔声间平面布置

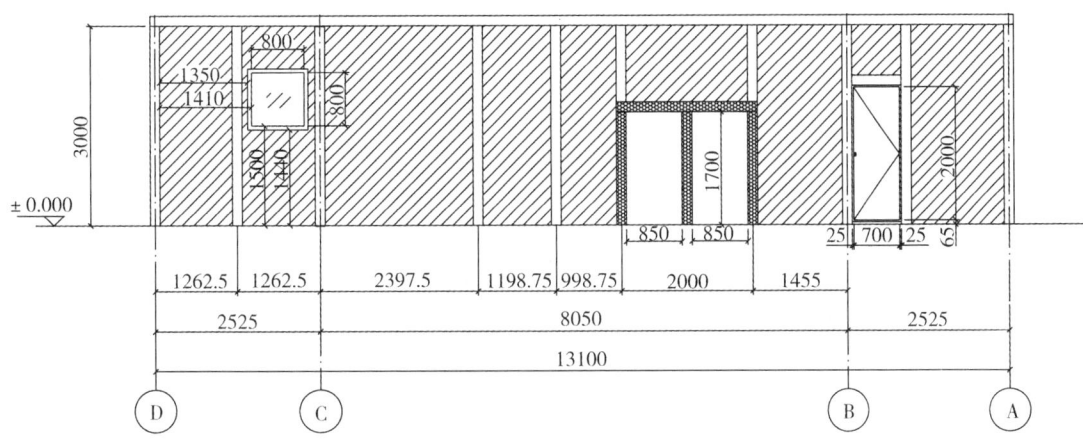

图 8—8 隔声间立面布置

3. 降噪效果

（1）隔声板隔声量

隔声板隔声量见表 8—5。

表 8—5　　　　　　　　　　　隔声板隔声量

频率/Hz	125	250	500	1 000	2 000	4 000	R（average）	Rw
隔声量/dB	26	31	41	49	55	56	43	43

（2）综合降噪效果

治理后发动机产品试验台在隔声间外产生的噪声低于车间内其他设备产生的噪声，发动机产品试验台之间的噪声降低 15 dBA 以上。隔声间现场效果如图 8—9 所示。

图 8—9　隔声间现场效果

4. 总结

本项目隔声间与生产线同步设计和建设，避免了设备产生噪声后再对其进一步治理带来的降噪难度。同时，在设计阶段对各种管线及设备的布置进行了综合考虑，所用隔声板采用模块式预制产品，外表美观，现场施工时间短，同时避免了在隔声间上进行二次开孔，有效地解决了隔声间孔洞漏声问题。

实例四　大型机力通风冷却塔噪声控制

1. 概况

工业用冷却塔一般分为双曲线自然通风冷却塔、空冷塔和大型机力通风冷却塔，主要作用是对工业企业用水进行冷却，达到循环利用的目的。大型机力通风冷却塔与双曲线自然通风冷却塔相比，具有建设施工周期较短、景观协调性强等优点，一般应用于城市电厂。大型机力通风冷却塔噪声对企业厂界和周围敏感点噪声影响均较大，由于多种因素的制约，其噪声治理也是该类企业环保达标的一个难点。

（1）噪声源分析

1）淋水噪声。淋水噪声是机力通风冷却塔中从高空下落的循环水与集水池中的水撞击而产生，与淋水密度、水的降落高度成正比，也与塔内的通风速度有关，其频率特性主要以中高频为主。

2）风机噪声。机力通风冷却塔风机参数：叶片额定转速 $n_1=52.5$ r/min，$n_2=105$ r/min，叶片直径 $d=9\,750$ mm，叶片数 $z=6$，额定风量 $3\,000\,000$ m³/台。因此，风机旋转产生的空气动力性噪声频谱特性将以中低频为主，低频较突出。

3）固体传声。机力通风冷却塔电机及减速箱和风机振动引起塔建筑墙体振动，从而导致结构的固体传声。

4）机械噪声。电机及减速箱的机械部件（如齿轮、轴承等）产生的噪声。

（2）降噪量确定

该电厂地处市区繁华区域，属于"Ⅰ类声环境功能区"，项目环评批复厂界排放执行《工业企业厂界噪声标准》（GB 12348—2008）Ⅰ类标准，即白天≤55 dB（A），夜间≤45 dB（A）。通过预分析与预评测，确定进风消声装置降噪量需达到 35 dB（A）以上，排风消声装置降噪量需达到 30 dB（A）以上。

2. 降噪措施

设计机力通风冷却塔治理措施：在机力通风冷却塔进风、排风侧设置土建隔声墙体及大型排风消声装置。同时，在进风侧和通风侧均设置导流装置，降低整个降噪装置的系统阻力损失，保证阻力损失在 50 Pa 以内。

机力通风冷却塔进风口噪声主要包括淋水噪声、风机产生的空气动力性噪声及设备机械噪声通过填料的反向传播。因此，进风消声装置主要针对中高频，同时兼顾低频。进风消声装置主要由消声片组成，辅之以定量的抗性消声结构。

机力通风冷却塔排风口噪声主要包括风机产生的空气动力性噪声及设备机械噪声。因此，排风消声装置主要针对中低频。排风消声装置主要由阻抗复合消声结构组成。

同时，合作开发适宜的隔振器对机力通风冷却塔电机及减速箱进行隔振，达到阻断振动引起的固体传声目的。机力通风冷却塔降噪措施如图8—10所示。

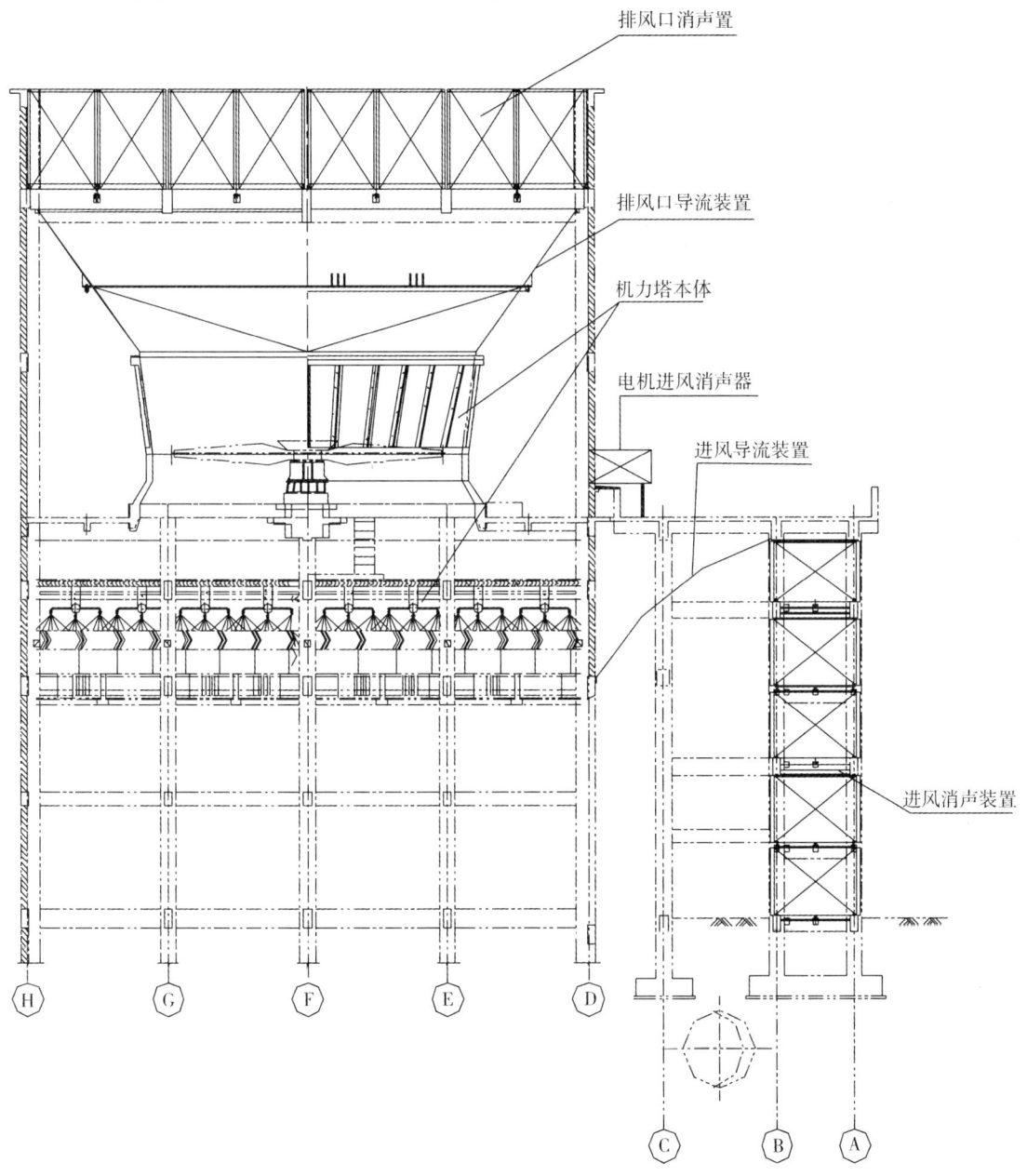

图8—10 机力通风冷却塔降噪措施

3. 降噪效果

在项目实施过程中，对降噪装置设置前后进行了噪声测试，结果表明，治理效果基本达到设计目标。

(1) 机力通风冷却塔进风口降噪效果

在机力通风冷却塔进风侧消声装置内、外对应位置，进行了噪声测试，得到进风消声装置的传递损失为 31.2 dB，如图 8—11 所示，基本达到了设计要求。

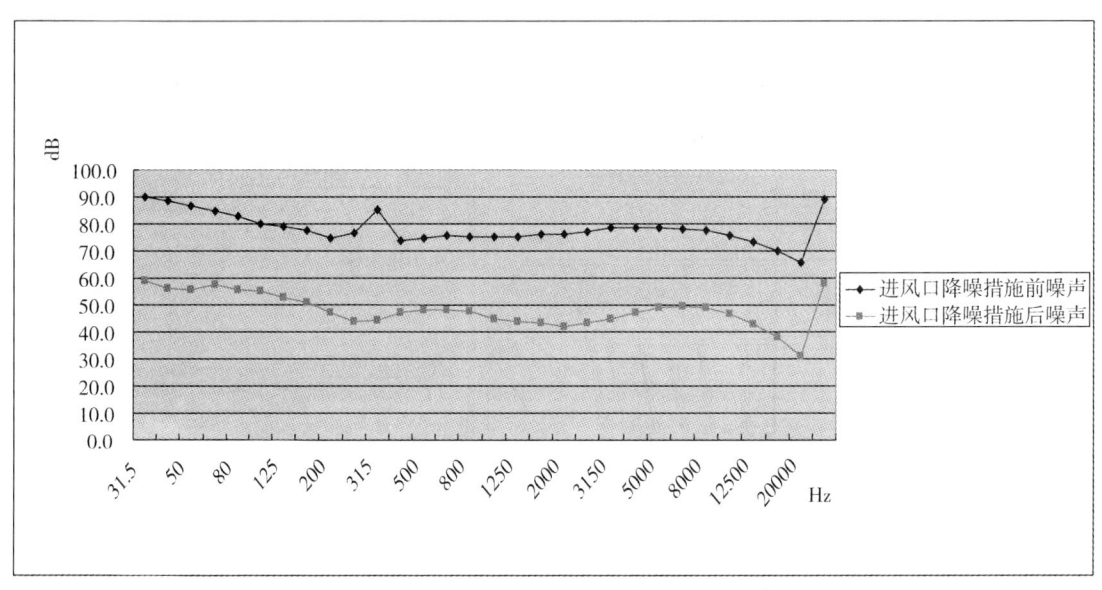

图 8—11 机力通风冷却塔进风口降噪效果

(2) 机力通风冷却塔排风口降噪效果

在机力通风塔排风侧消声装置的内、外对应位置，进行了噪声测试，得到排风消声装置的传递损失为 28.8 dB，如图 8—12 所示，基本达到了设计目标。

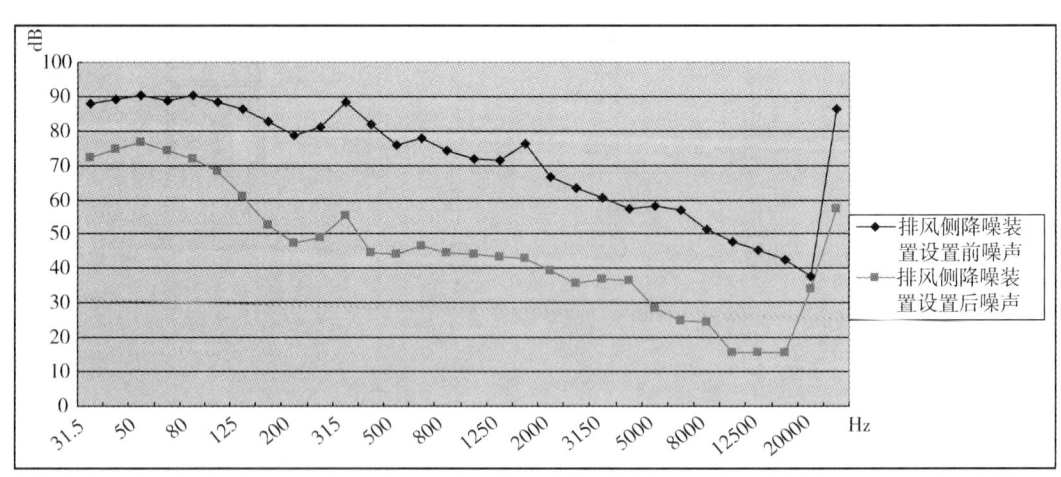

图 8—12 机力通风冷却塔排风口降噪效果

(3) 振动引起的固体传声降噪效果

电动机和减速箱采取隔振措施后,隔振效率达到 90%以上,使墙体表面辐射噪声平均下降 14 dB,如图 8—13 所示。

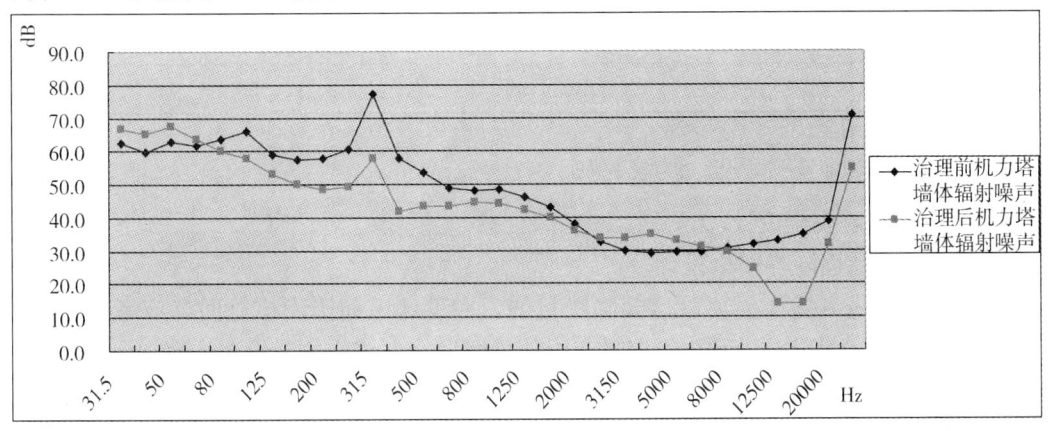

图 8—13　机力通风冷却塔墙体传声降噪效果

实例五　大型炼化空分车间噪声控制

1. 概况

空分车间配备了空气原料压缩机、氧压机、氮压机以及水泵等众多设备,产生的是多种类型的混合噪声,噪声声级高,一般在 90~100 dB,因此,噪声污染已经成为空分车间最大的危害因素。但在炼化等特殊行业中,针对噪声源的方案设计、结构设计、施工安装等环节必须围绕"安全"这个主导因素综合考虑,因与通常情况下所采取的降噪措施不尽相同,故需要采取特殊措施,从而达到降噪与安全的和谐统一。

空分设备的安全运行至关重要,不仅涉及空分设备本身及人员的安全,而且影响到后续生产工艺的正常运行。通常空分设备的安全生产管理有如下注意事项:

(1) 空分生产氧、氮气产品是易燃易窒息气体,应严禁烟火,防止窒息造成伤害。氮气浓度不得超过空气的 84%,氧气浓度下限不得超过空气的 19.5%,上限不得超过空气的 23.5%。

(2) 气体产物中还有许多有害物质,一旦积聚会发生爆炸,所以要严格控制有机物质含量。

(3) 空分车间内多数容器属于压力容器,应严格控制压力,防止容器爆炸。

空分设备危险杂质含量控制指标见表 8—6。

表 8—6　　　　　　　　空分设备危险杂质含量控制指标

项目	报警值	停车值
乙烷	15×10^{-6}	40×10^{-6}
丙烷	10×10^{-6}	25×10^{-6}
乙炔	0.1×10^{-6}	1×10^{-6}
乙烯	10×10^{-6}	25×10^{-6}

续表

项目	报警值	停车值
丙烯	2×10^{-6}	5×10^{-6}
总烃	100×10^{-6}	$250\times10^{-6}/500\times10^{-6}$

注：1. 总烃指标按碳计；
2. 若各单组分含量均在报警值范围内，总烃停车值可放宽到 500×10^{-6}。

2. 空分车间降噪安全设计

(1) 隔声吸声屋面降噪安全设计

屋顶采用隔声吸声复合屋顶以达到降噪目的，在设计屋面降噪措施时，应考虑安全因素。计算相应泄爆口面积，从而在隔声吸声屋顶易爆发生点相应位置设置泄爆口，保证气体在高度聚集时能从固定的泄爆口及时排除，将损失降低到最小程度。

《建筑设计防火规范》（GBJ 16—2001）规定，泄压面积与厂房体积的比值（m^2/m^3）宜采用 0.05~0.22 爆炸介质，威力较强或爆炸压力上升速度较快的厂房，应尽量加大比值。体积超过 1 000 m^3 的建筑，如采用上述比值有困难时，可适当降低，但不得小于 0.03。

(2) 墙面降噪安全设计

在墙面上加装渐变式腔式吸声体时，需在框架立柱上设置膨胀螺栓，从而形成整体框架，避免吸声体掉落与地面碰撞形成火花。

车间屋面吊挂吸声体采取双螺母锁紧结构，确保吸声体不会在气体强烈对流运动以及其他可能产生的非正常情况下从屋顶坠落与地面碰撞从而产生火花，给安全带来隐患。

(3) 隔声门安全设计

门作为空分车间的一个主要漏声薄弱点，是空分车间整体降噪工程的一个重点，考虑对其采取加装隔声门斗降噪措施。

隔声门按防火等级要求进行制作，表面刷防火漆，确保相应的耐火时间（耐火极限：甲级为 1.2 h，乙级为 0.9 h，丙级为 0.6 h），同时，保证隔声门斗均向外开，以保证在遇到紧急情况时人员能够集中逃离，避免烟气聚集。

(4) 通风散热系统设计

空分车间内设备多，高噪声源多，故需对其厂房加装隔声门窗的降噪措施。但空分车间操作巡检人员在夏天时考虑设备散热需要，会将靠近地面设备一层的隔声窗全部打开。当门窗开启时，会产生严重的车间漏声现象，影响环境达标效果。

为同时满足降噪要求和工艺设备的散热要求，可在空分车间墙面上加装强制进排风措施及相应的消声措施（需满足《建筑设计防火规范》GB 50016—2008 中的相关标准）。可以保证在夏季温度较高的情况下，通过车间强制换风达到设备散热的目的，这样既可以达到厂房的整体降噪要求，又最大限度地降低了为达到降噪目的而产生的安全隐患，同时也降低了氮气聚集导致人窒息以及高氧气浓度环境下发生爆炸的危险。

(5) 排气放空降噪安全设计

根据空分车间工艺可知，当后续工序用气量减少时，压力相对较高的气体将部分放空，此时将产生强烈的空气动力性噪声。故在放空管道上安装小孔喷注复合消声器,以减少喷注噪声。由于小孔喷注消声器属于压力容器,故在设计时不仅需要注意其降噪能力问题,同时也应注意安全问题。

3. 炼化空分车间降噪效果

采取降噪措施前后车间外噪声和厂界噪声的降噪效果如图 8—14 和图 8—15 所示。

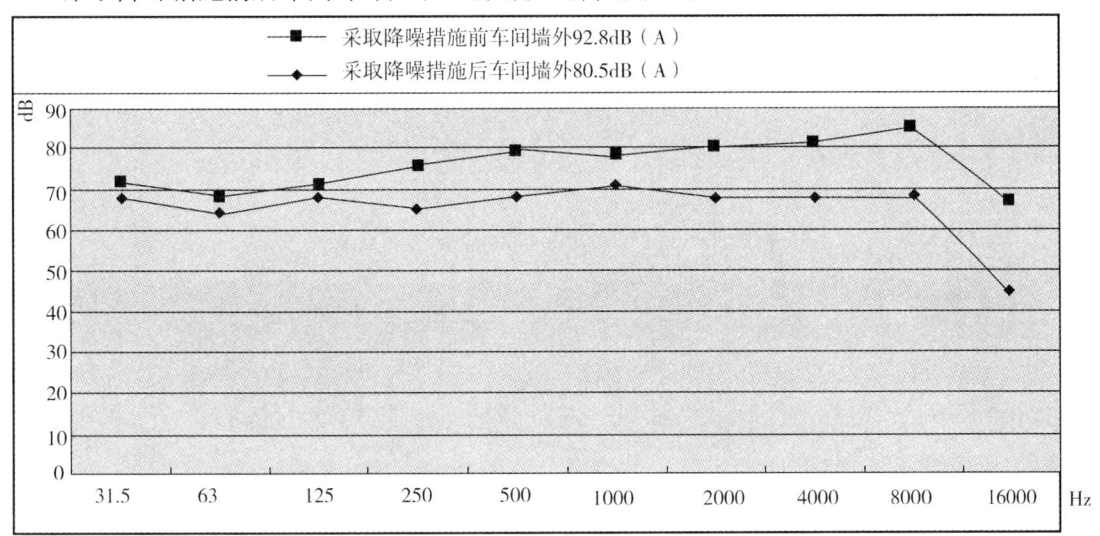

图 8—14 采取降噪措施前后空分车间外降噪效果

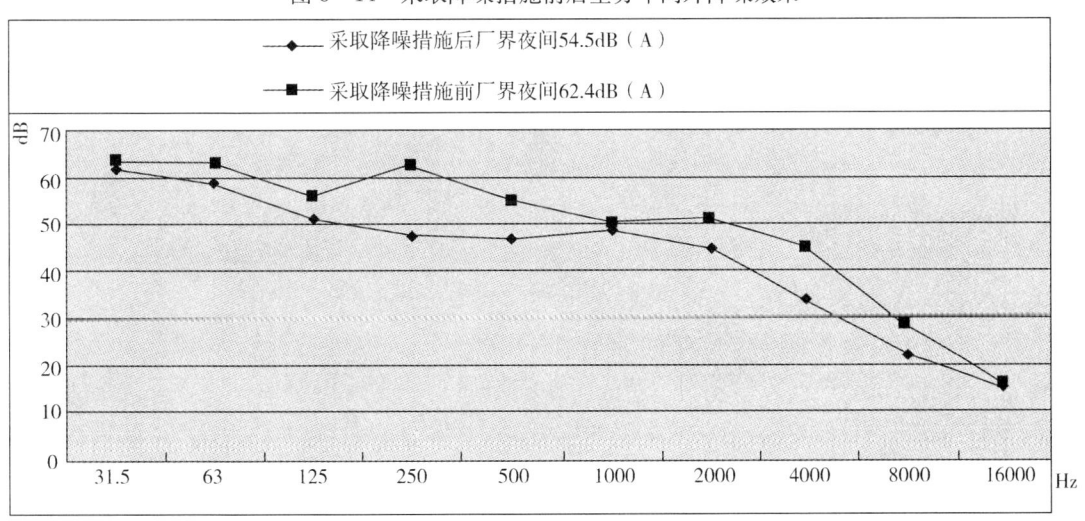

图 8—15 采取降噪措施前后厂界降噪效果